Barbara Wahlig

Pause vom Drama

Hundgestützte Therapie in der stationären Drogenrehabilitation

Kynos Verlag

© 2025 Kynos Verlag Dr. Dieter Fleig GmbH
Konrad-Zuse-Straße 3, D-54552 Nerdlen/Daun
Telefon: 06592 957389-0
Kontakt: info@kynos-verlag.de
www.kynos-verlag.de

Grafik & Layout: Kynos Verlag

Gedruckt in Lettland

1. Auflage 2025
ISBN 978-3-95464-346-2

Inhaltsverzeichnis

Vorwort 6

Einleitung 8

Sucht- und einrichtungsspezifische Ausgangslagen 11

Stationäre Drogenrehabilitation 11

Phasen einer Suchttherapie 13

Einrichtungsspezifische Ausgangslage – Fachklinik Therapiezentrum Brückle 14

Das Klientel 14

Komorbide Störungen 15

Wichtige Behandlungsbedingungen und Einrichtungsspezifika 16

Tiergestützte Therapie 21

Definitionen tiergestützter Therapie 21

Grundlagen tiergestützter Psychotherapie 22

Hundgestützte Therapie in der stationären Drogenrehabilitation – Settings und Anforderungen 27

Therapeutische Settings in der stationären Drogenrehabilitation 27

Bezugstherapie versus externe Therapie 27

Hundgestützt arbeiten als Bezugstherapeutin 28

Hundgestützt arbeiten als externe Fachkraft 31

Einzel- versus Gruppentherapie 35

Anforderungen ... 38
... an den Hund ... 38
Gesundheit und Gesunderhaltung ... 38
Ausbildungsstand ... 38
Wesen ... 39
... an die Suchttherapeutin ... 40
... an die Einrichtung ... 43
Hygiene, Unfallverhütung, Versicherung ... 44
Einverständnis des Teams ... 45
Kosten und Kostenerstattung ... 45
Aufnahmeplanung ... 46
... an den Patienten ... 47

Hundgestützte Therapie in der intensivtherapeutischen Phase – Interventionsansätze ... 49

Kernthemen einer Suchtbehandlung ... 51
Stress ... 52
Ambivalenz ... 55
Widerstand oder das Ringen um Mitwirkungsbereitschaft ... 58
Delinquenz ... 60
Impulsivität ... 62
Komorbide Störungen ... 64
Persönlichkeitsstörungen ... 65
Depression ... 68
Soziale Phobie ... 69
Traumafolgestörungen ... 71
AD(H)S ... 73

Relevante Phasen und Momente innerhalb der Intensivtherapie 77
Die Eingewöhnungsphase 77
Die Abschlussphase 79
Akute Krisen 82
Faktoren, die gegen einen Einsatz hundgestützter Psychotherapie sprechen 87

Zusammenfassung 88

Über die Autorin 91

Literaturverzeichnis 92

Vorwort

Anfang 2005 gelangte ich, zuvor als Sozialarbeiterin selbstständig in der Jugendhilfe tätig, eher zufällig in die stationäre Drogenrehabilitation. Nach Ausbildung zur Suchttherapeutin arbeitete ich als Gruppen- und Einzeltherapeutin insgesamt über acht Jahre dort. Seit 2008 wurde ich begleitet und zunehmend unterstützt durch Basso, einen sehr großen Mischlingsrüden. Bis heute bin ich im Kontakt mit dem Therapiezentrum und habe dort auch danach zeitweise ergänzend hundgestützte Therapie in ausgewählten Fällen angeboten. Später wurde ich begleitet von Andor, meinem Hovawart-Rüden. Mein Blick auf den gezielten Einsatz eines Hundes in der intensivtherapeutischen Phase einer stationären Suchtbehandlung mit drogenabhängigen Männern speist sich aus langjähriger praktischer Erfahrung, ergänzt durch entsprechende pädagogische, beraterische und psychotherapeutische Qualifikationen. Er wurde vertieft und differenziert durch die Ausbildung zur Fachkraft für tiergestützte Therapie und der Ausbildung zum Therapiebegleithundeteam mit beiden Hunden.

Die Jahre in der Drogentherapie waren dynamisch, schnell, komplex, anspruchsvoll, anstrengend und intensiv. Eines waren sie zu keinem Zeitpunkt: langweilig. Ich bin sehr dankbar für diese Zeit. In keinem anderen Berufsfeld habe ich so viel gelernt. Über Menschen und deren Behandlung, über Teamarbeit, über Führung, über mich und über das hundgestützte Arbeiten.

Inzwischen musste ich mich zuerst von meinem Herzenshund Basso und nun von meinem Lehrmeister und geliebten Gefährten Andor verabschieden. Meine praktischen Erfahrungen im Therapiezentrum Brückle sind mit den beiden fest verknüpft und das Schreiben ruft viele Bilder an sie und ihr Agieren mit den Suchtpatienten wach. Immer wieder hat die Arbeit mit diesen beiden Hundepersönlichkeiten bei sehr schwierigen Patienten, die selbst nicht mehr an Veränderung glaubten und oft genug aufgrund ihrer Verhaltensweisen von der disziplinarischen Entlassung oder dem Therapieabbruch bedroht waren, den entscheidenden Impuls geliefert. Dieses Buch ist auch eine Würdigung dieser großartigen und besonderen Hunde.

Einleitung

Die stationäre Drogentherapie ist, womöglich mehr als andere Rehabilitationsmaßnahmen, geprägt von knappen Ressourcen. Dies betrifft nahezu alle Dimensionen, also finanzielle und damit auch personelle, zeitliche und mitunter auch räumliche Ressourcen. Demgegenüber steht ein komplexer Auftrag, eingebettet in die Strukturvorgaben der Deutschen Rentenversicherung, die vorwiegend Kostenträger dieser medizinischen Rehabilitationsleistung ist. Auch das Klientel, im vorliegenden Fall drogenabhängige Männer ab 18 Jahren, verfügt in der Regel nur über begrenzte Ressourcen an Belastbarkeit, sozialen Fähigkeiten, Bildung und tragfähigen sozialen Beziehungen. Auch hier steht dieser Begrenzung eine Fülle an körperlichen, sozialen und psychischen Beeinträchtigungen gegenüber.

Dieses Buch unternimmt den Versuch zu reflektieren, ob, wann, wie, warum und mit wem der therapeutische Einsatz eines Hundes im Rahmen der stationären Suchtbehandlung sinnhaft und gewinnbringend sein kann. Die situative und gezielte Entscheidung zum Einsatz des Hundes trägt dabei auch dessen Begrenzung an Belastbarkeit Rechnung. Im Idealfall verbinden Quantität und Qualität der hundgestützten psychotherapeutischen Intervention maximalen Nutzen für die Behandlung des Patienten mit größtmöglicher Berücksichtigung der Bedürfnisse des Hundes. Um diesem Ideal nahe zu kommen ist es auch nötig, sich in bestimmten Fällen gegen einen Einsatz des Hundes zu entscheiden. Dies rührt allein schon daher, dass der Wunsch nach hundgestützter Therapie erfahrungsgemäß bei den Patienten weitaus größer ist, als die Möglichkeiten es zulassen. Es gilt also, Ausgangslagen, Störungsbilder und Behandlungsphasen zu identifizieren, die einen Einsatz des Hundes vielversprechend machen.

Um sich diesem Ziel anzunähern werden zunächst grundlegende sucht- und einrichtungsspezifische Ausganglagen beschrieben. Es folgt eine kurze Einführung in die tiergestützte Therapie und deren Grundlagen. Vor diesem Hintergrund werden die speziellen Anforderungen des Arbeitsfeldes herausgearbeitet und spezifische Settings und Perspektiven hundgestützten Arbeitens dargestellt. Zentrale Themen einer Suchtbehandlung werden erläutert. Signifikant häufige komorbide Störungen, die eine stationäre Behandlung in ihrem Verlauf oft ebenso bestimmen wie die Suchterkrankung selbst, werden benannt. Weiter werden relevante Behandlungsphasen beziehungsweise zeitliche Faktoren identifiziert. Die zentralen Themen, komorbiden Störungen und relevanten zeitlichen Faktoren innerhalb der intensivtherapeutischen Phase werden parallel auf Möglichkeiten klug platzierter, hundgestützter psychotherapeutischer Interventionen hin abgeklopft. Es folgen Überlegungen und Aspekte, die gegen einen Einsatz der „Ressource Hund" sprechen.

Sucht- und einrichtungsspezifische Ausgangslagen

Im Grundsatzurteil des Bundessozialgerichts vom 18. Juni 1968 wurde Sucht erstmals als Erkrankung im Sinne der gesetzlichen Krankenversicherung anerkannt. Sie und andere Kostenträger, vornehmlich die Rentenversicherungen[1], übernehmen seither die Kosten für die Behandlung von Abhängigen sowie für die Leistungen zur Rehabilitation, Erhaltung, Besserung und Wiederherstellung der Erwerbsfähigkeit.

Es existieren unzählige Versuche, das komplexe Phänomen Sucht zu definieren. Noch heute findet die Definition von Klaus Wanke in Fachkreisen breite Zustimmung: *„Sucht ist ein unabweisbares Verlangen nach einem bestimmten Erlebniszustand. Diesem Verlangen werden die Kräfte des Verstandes untergeordnet. Es beeinträchtigt die freie Entfaltung der Persönlichkeit und zerstört die sozialen Bindungen und die sozialen Chancen des Individuums."* (Wanke, 1985)

Stationäre Drogenrehabilitation

Zugang zu Behandlung oder Rehabilitation hat, wer eine Diagnose nach der Definition der Weltgesundheitsorganisation (WHO) beziehungsweise der von dieser herausgegebenen Internationalen Klas-

1 *Laut Basisdokumentation des FVS 2016 Teilband II wurden im Jahr 2016 83,1 % der stationären Drogentherapien von der DRV bezahlt, 13,2 % von den Krankenkassen, die wenigen restlichen verteilen sich auf Selbstzahler, Sozialhilfeträger, Arbeitsagenturen u.a.*

sifikation Psychischer Störungen ICD 10 Kapitel F1x.2 hat.[2] Die Behandlung selbst ist eingebettet in die jeweiligen Strukturvorgaben der Kostenträger und orientiert sich am bio-psycho-sozialen Modell der ICF[3]. Wo die Kommunikation durch die ICD auf Krankheitsphänomene begrenzt ist, nimmt die ICF die mit ihnen einhergehenden funktionalen Probleme in den Fokus. Dazu gehören zum Beispiel Beeinträchtigungen in den Bereichen der Kommunikation, der Selbstversorgung, der Interaktionen mit anderen Menschen, des Erwerbslebens und andere. Die Bundesarbeitsgemeinschaft für Rehabilitation BAR[4] übernimmt die Koordination sämtlicher Akteure im Suchthilfesystem und beschreibt in ihren Praxisleitfäden, Arbeitshilfen und vielen anderen Publikationen Ausgestaltung und Organisation des Hilfesystems verbindlich für alle Akteure. Die Unzahl an Anforderungen, die sich aus den Strukturvorgaben der Kostenträger, medizinischen und therapeutischen Standards und den geltenden Richtlinien zur Ausgestaltung einerseits und die chronische Unterfinanzierung andererseits ergeben, bilden das stramme Korsett, innerhalb dessen sich die medizinische Rehabilitation Abhängigkeitskranker bewegen muss.

2 *Eine Substanzabhängigkeit nach ICD 10 F1x.2 sollte nur gestellt werden, wenn mindestens drei der folgenden Kriterien während des letzten Jahres vorhanden waren: 1. Ein starker Wunsch oder eine Art Zwang zu konsumieren; 2. Verminderte Kontrollfähigkeit in Bezug auf den Beginn, die Beendigung oder die Menge des Konsums; 3. Ein körperliches Entzugssyndrom bei Beendigung oder Reduktion des Konsums; 4. Nachweis einer Toleranz, im Sinne von erhöhten Dosen, die erforderlich sind, um die ursprünglich durch niedrigere Dosen erreichte Wirkung hervorzurufen; 5. Fortschreitende Vernachlässigung anderer Vergnügungen oder Interessen zugunsten des Konsums sowie ein erhöhter Zeitaufwand, um zu konsumieren oder sich von den Folgen zu erholen; 6. Anhaltender Konsum trotz des Nachweises eindeutig schädlicher Folgen. Vgl. (Dilling, 2013)*

3 *ICF ist die Abkürzung von „Internationale Klassifikation der Funktionsfähigkeit, Behinderung und Gesundheit"*

4 *Die BAR ist die gemeinsame Repräsentanz der Verbände der Rehabilitationsträger, der Bundesagentur für Arbeit, der Bundesländer, der Spitzenverbände der Sozialpartner sowie der Kassenärztlichen Vereinigung zur Förderung und Koordinierung der Rehabilitation und Teilhabe behinderter Menschen.*

Phasen einer Suchttherapie

Die Zugänge und Kombinationsmöglichkeiten von Behandlungsformen und Modulen im Bereich der medizinischen Rehabilitation von Abhängigkeitskranken gestalten sich seit Jahren zunehmend vielfältig und komplex (Bundesverband für stationäre Suchtkrankenhilfe BUSS, 2016). Folgende Grafik soll einer groben Orientierung dienen. Sie beschränkt sich daher auf einen typischen Verlauf einer Suchtbehandlung, zugeschnitten auf den Bereich der illegalen Substanzen und ist exemplarisch zu betrachten.

Verlauf einer Suchtbehandlung

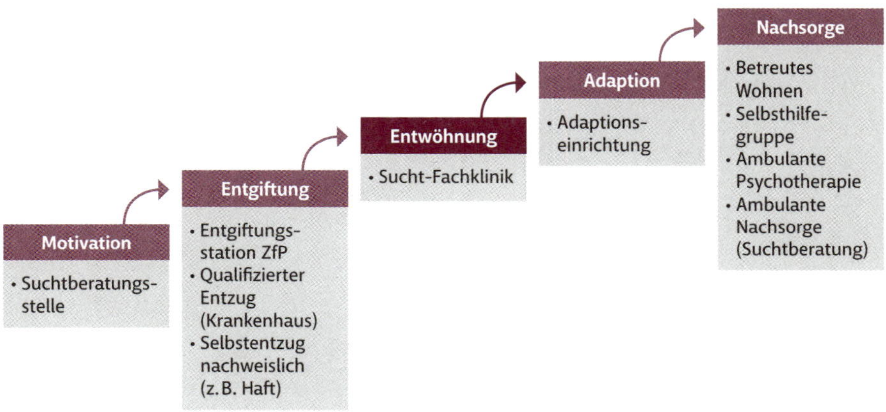

Einrichtungsspezifische Ausgangslage - Fachklinik Therapiezentrum Brückle

Das Klientel

Hintergrund dieser Arbeit bildet die praktische suchttherapeutische Erfahrung in der Fachklinik Therapiezentrum Brückle. Dort werden Männer ab Volljährigkeit behandelt, der Altersdurchschnitt liegt etwa bei 30 Jahren. Die Benennung konkreter Zahlen bezieht sich im Folgenden auf das Behandlungsjahr 2017 und erfolgt exemplarisch. Zuweisungsindikation ist die Abhängigkeit von illegalen Substanzen. Behandlungsschwerpunkte sind Opiatabhängigkeit beziehungsweise Polytoxikomanie, die Abhängigkeit von THC und/oder Partydrogen, schädliches Glücksspiel und pathologischer PC- beziehungsweise Internetgebrauch. Besondere Schwerpunkte bilden außerdem die Arbeit mit Abhängigkeit in Verbindung mit Traumafolgestörungen sowie in Verbindung mit Aufmerksamkeitsdefizit-Hyperaktivitäts-Syndrom (ADHS) im Erwachsenenalter. Das Therapiezentrum verfügt über 40 Behandlungsplätze.

In 2017 war die Hauptdiagnosesubstanz bei 55,3% der Patienten Cannabinoide, bei 23,4% Opioide, bei 11,7% der Patienten Kokain bzw. Amphetamine, und bei 3,2% war die Hauptdiagnosesubstanz Alkohol. Bei einer Person lautete die Hauptdiagnose pathologisches Glückspiel. Bei 70% der Patienten wurde aufgrund ihrer Suchtanamnese die Diagnose Polytoxikomanie gestellt. Bei 45% der Patienten in der Intensivphase wurden psychische Erkrankungen (Depressionen, Ängste, wahnhafte Episoden, Persönlichkeitsstörungen, ADHS, PTBS) als komorbide Begleitdiagnosen gestellt.

Komorbide Störungen

Zusätzlich zur Behandlung der Zuweisungsdiagnose ist die gleichzeitige Behandlung komorbider psychischer Störungen zu bewältigen. Aus der Basisdokumentation[5] des Fachverbandes Sucht e.V. FVS (Fachverband Sucht e.V., 2017) geht hervor, dass im Behandlungsjahr 2017[6] 67,8 % der männlichen Patienten neben der Abhängigkeitserkrankung mindestens eine weitere Diagnose zur psychischen Komorbidität hatten. Davon hatten 17,5 % der Männer zwei, 6,1 % drei und noch 2,9 % (1,3%) vier oder mehr weitere psychische Diagnosen (Fachverband Sucht e.V., 2017). Bedauerlicherweise wird die psychische Komorbidität in der maßgeblichen Basisdokumentation nur grob in Depression mit den Diagnosen F32, F33 und F34.1, Angststörung mit den Diagnosen F40.0 und F41 und Persönlichkeitsstörung mit den Diagnosen F60 und F61 differenziert. Dabei liegt der Anteil der männlichen Patienten mit mindestens einer Diagnose bei den depressiven Erkrankungen bei 21,9 %, im Bereich der Angststörungen bei 3,9 % und bezüglich der Persönlichkeitsstörungen bei 16,7 % (Fachverband Sucht e.V., 2017)

5 *Die Basisdokumentation des FVS basiert auf dem Deutschen Kerndatensatz zur Dokumentation im Bereich der Suchtkrankenhilfe (Deutsche Hauptstelle für Suchtfragen, 2010), der vom Fachausschuss Statistik der Deutschen Hauptstelle für Suchtfragen (DHS) unter Beteiligung des FVS entwickelt wurde. Der Fachverband Sucht e.V. ist auch in der Arbeitsgemeinschaft Deutsche Suchthilfestatistik (AG DSHS) vertreten. Diese Arbeitsgemeinschaft trägt die fach- und datenpolitische Verantwortung bezüglich der Deutschen Suchthilfestatistik.*

6 *Warum sind die Zahlen so alt? Eine Jahresstatistik des Therapiezentrums wurde in den folgenden Jahren nicht mehr veröffentlicht. Jüngere Zahlen sind also nicht verfügbar. Der Fachverband Sucht aktualisiert seine Zahlen jährlich, die jüngsten sind aus dem Jahr 2023. Ein Vergleich der beiden Datensätze ist jedoch nicht sinnvoll, weil sich Methodiken und auch Diagnoseverhalten häufig ändert. Um eine Relation darzustellen, sollte es sich daher um Datensätze aus ähnlichen Zeiträumen handeln.*

Kontraindikationen für die Behandlung im Therapiezentrum wie in den meisten anderen Suchtkliniken sind akute psychotische Erkrankungen, schwere psychiatrische Erkrankungen mit akuter Selbst- oder Fremdgefährdung oder akute somatische Erkrankungen, die die Rehabilitationsfähigkeit grundlegend einschränken. Möglich ist eine Aufnahme und Weiterbehandlung von weitgehend symptomfreien Psychosen oder psychiatrischen Störungen.

Wichtige Behandlungsbedingungen und Einrichtungsspezifika

Der Altersdurchschnitt der Patienten des Therapiezentrums beträgt plus-minus 30 Jahre. Damit sind sie im Verhältnis mit dem Altersdurchschnitt vergleichbarer Einrichtungen etwas jünger. Das bedeutet auch, dass alterstypische Entwicklungsanforderungen wie berufliche Ausbildung und Einmündung, selbstständiges Wohnen und eigenverantwortliches Haushalten, Interessensentwicklung, Selbstbild mit individuellen Stärken und Schwächen, oft noch wenig ausgebildet wurden. Die Verzögerung der Persönlichkeitsentwicklung durch den meist langjährigen Konsum kommt ergänzend hinzu. Die Delinquenzbelastung ist hoch. Viele der Patienten sind bereits strafrechtlich in Erscheinung getreten und ein Teil bringt strafrechtliche Auflagen zur Behandlung mit. Das Therapiezentrum ist anerkannt, Behandlungen nach § 35 BtmG durchzuführen. Einige Patienten, deren Haftstrafe nicht mehr als zwei Jahre beträgt oder bereits so weit verbüßt ist, dass die Reststrafe nicht mehr als zwei Jahre beträgt[7], können folglich direkt aus der Haftanstalt heraus aufgenommen werden. Die erhebliche Hafterfahrung, die einzelne Patienten mitbringen, wirkt sich auf den Therapiealltag und die Hausgemeinschaft aus und kann einen regulären Therapieverlauf deutlich erschweren.

Die Einrichtung ist klar abstinenzorientiert. Der Konsum von Drogen, Alkohol oder nicht verordneten Medikamenten oder andere gravierende Regelverstöße können die Therapie disziplinarisch beenden.

Ein wichtiger Faktor, nicht nur für die Einrichtung selbst, ist die „Haltequote". Das bedeutet, dass im Jahr 2017 68 % der Patienten die intensivtherapeutische Phase regulär beendet haben. Dieser Wert ist außerordentlich hoch, im Vergleich zur durchschnittlichen „Haltequote" aller erfassten vergleichbaren Einrichtungen der Basisdokumentation Sucht im gleichen Jahr, die 36,4 % betrug. Im Jahr 2019 hingegen waren es im Therapiezentrum nur 58 % der Patienten, die die Behandlung regulär abgeschlossen haben, während der Durchschnitt aller Einrichtungen 41,6 % betrug. In beiden Jahren zeigt sich die „Haltequote" des Therapiezentrums überdurchschnittlich. Vorzeitige Behandlungsbeendigungen, seien es Therapieabbrüche oder durch die Fachklinik veranlasste Entlassungen, haben bedeutsame Folgen für alle Beteiligten. Durch viele vorzeitige Beendigungen werden die Tragfähigkeit

7 *§ 35 Zurückstellung der Strafvollstreckung:*
(1) Ist jemand wegen einer Straftat zu einer Freiheitsstrafe von nicht mehr als zwei Jahren verurteilt worden und ergibt sich aus den Urteilsgründen oder steht sonst fest, daß er die Tat auf Grund einer Betäubungsmittelabhängigkeit begangen hat, so kann die Vollstreckungsbehörde mit Zustimmung des Gerichts des ersten Rechtszuges die Vollstreckung der Strafe, eines Strafrestes oder der Maßregel der Unterbringung in einer Entziehungsanstalt für längstens zwei Jahre zurückstellen, wenn der Verurteilte sich wegen seiner Abhängigkeit in einer seiner Rehabilitation dienenden Behandlung befindet oder zusagt, sich einer solchen zu unterziehen, und deren Beginn gewährleistet ist. Als Behandlung gilt auch der Aufenthalt in einer staatlich anerkannten Einrichtung, die dazu dient, die Abhängigkeit zu beheben oder einer erneuten Abhängigkeit entgegenzuwirken. (aus Betäubungsmittelgesetz)

der Hausgemeinschaft und die Behandlungsqualität negativ beeinflusst. Immer wieder müssen Unregelmäßigkeiten geklärt und überdurchschnittlich viele neue Patienten eingewöhnt werden. Das bindet Ressourcen bei Behandlern und Patienten, die produktiven therapeutischen Prozessen nicht zur Verfügung stehen. Die Behandlung insgesamt verliert an Tiefe, da mit vielen, oft noch wacklig motivierten Patienten mehr Energie zur Stabilisierung der Gruppe aufgewandt werden muss. Vertiefende Themen müssen aufgeschoben werden, bis die Gruppe entsprechend belastbar ist und inhaltlich komplexere und auch anfordernde Themen bewältigen kann. Für den betroffenen Patienten setzt sich mit der vorzeitigen Beendigung eine oft bereits bestehende Historie an gescheiterten Versuchen und Misserfolgen fort. Für Einzelne bedeutet es die Inhaftierung, für Viele den Rückfall, auch mit den entsprechenden Risiken nach einer Abstinenzzeit. Therapieabbrüchen und Entlassungen also weit möglichst zuvorzukommen ist daher eines der wichtigsten Ziele der Behandlung.

Die Patienten des Therapiezentrums bringen vielfältige biografische Belastungen mit, Bindungsstörungen, Beziehungsabbrüche, Traumata, Gewalterfahrung, Verwahrlosung, Jugendhilfekarrieren sind häufig.[8]

8 *Vgl. hierzu Auszug aus der Konzeption der Einrichtung: „Die Zielgruppe, für die unser Angebot der stationären Entwöhnung geeignet ist, zeichnet sich durch folgende Merkmale aus:*

- *chronifizierter, abhängiger Konsum von illegalen Drogen*
- *Opiatkonsum und polytoxikomane Konsummuster*
- *Cannabiskonsum auf hohem Niveau und / oder polyvalente Konsummuster mit Alkohol, THC-, Halluzinogen-, Kokain- oder Amphetaminkonsum*
- *Begleitende Suchtproblematiken (Essstörungen, Geldspiel, Internet/PC)*
- *Komorbide Problematik, wie z. B. Persönlichkeitsstörungen, ADHS, Posttraumatische Störungen, Ängste, depressive Störungen*
- *Geringe psychosoziale Ressourcen und Defizite in sozialen Kompetenzen*
- *Störungen der familiären und sozialen Beziehungen*
- *Schwierigkeiten in der kulturellen Identität und Integration*
- *Defizite in der schulischen und beruflichen Qualifikation oder Kompetenz*
- *Delinquente Entwicklungen und juristische Auffälligkeiten"*

Der psychotherapeutische Behandlungsansatz orientiert sich an den Prinzipien der Verhaltenstherapie und integriert je nach Einzel-, Gruppen- oder Angehörigenarbeit zahlreiche weitere therapeutische Methoden. Darüber hinaus orientiert sich die Ausgestaltung des Zusammenlebens und -arbeitens an dem Prinzip der therapeutischen Gemeinschaft.[9] Im Unterschied zu anderen Rehabilitationsbehandlungen, denken wir zum Beispiel an eine orthopädische oder auch psychosomatische Rehabilitation, leisten die Patienten den überwiegenden Teil der Hausorganisation, vom Kochen über den Hausputz bis zur Organisation von Freizeitangeboten selbst. Sie verantworten die Integration neuer Patienten in den Hausalltag und die Gemeinschaft, die Ausgestaltung und Einhaltung der Hausregeln und schlussendlich auch die Drogenfreiheit der Einrichtung maßgeblich mit.

Die Rolle der Psychotherapeutinnen beschränkt sich in diesem Kontext nicht auf Anamnese, Diagnostik, Behandlungsplanung und Durchführung von Gruppen- und Einzeltherapien. Sie impliziert darüber hinaus einen umfassenden pädagogischen Auftrag, der von einzufordernder Pünktlichkeit, über die Einteilung von Taschengeld, der Konfrontation unangemessener Wortwahl bis hin zur Aufforderung nach Körperhygiene sämtliche Aspekte künftiger gelingender gesellschaftlicher Integration umfassen kann. In diesem Sinne ist die Einrichtung in allen Facetten auch ein Ort der „Nachreifung".

9 *„Die bisher wohl effektivste stationäre Antwort auf das Drogenelend heißt: Die Therapeutische Gemeinschaft." Lewis Yablonsky (Yablonsky, 1990).*

Tiergestützte Therapie

Definitionen tiergestützter Therapie

Im Bemühen um eine Professionalisierung tiergestützter Angebote befindet sich das Ringen der maßgeblichen Fachorganisationen um eine entsprechende Definition seit langem in einem fortgesetzten Prozess. So hat 2011 die European Society for Animal Assisted Therapy (ESAAT) eine Definition vorgelegt, die sämtliche Angebote tiergestützt arbeitender Professionen und Berufsfelder unter dem Überbegriff Tiergestützte Therapie subsumiert. In diesem Sinne umfasst die Tiergestützte Therapie „...bewusst geplante pädagogische, psychologische und sozialintegrative Angebote mit Tieren für Kinder, Jugendliche, Erwachsene wie ältere Menschen mit kognitiven, sozial-emotionalen und motorischen Einschränkungen, Verhaltensstörungen und Förderschwerpunkten. Sie beinhaltet auch gesundheitsfördernde, präventive und rehabilitative Maßnahmen!".

In 2014 und in revidierter Form in 2018 wurde von der International Association of Human-Animal Interaction Organisations (IAHAIO) unter dem Überbegriff Tiergestützte Interventionen eine weitere Definition vorgelegt. Diese beschreibt die tiergestützte Arbeit als „...zielgerichtete und strukturierte Intervention, die bewusst Tiere in Gesundheitsfürsorge, Pädagogik und Sozialer Arbeit einbezieht und integriert, um therapeutische Verbesserungen bei Menschen zu erreichen". Dabei unterteilt sie Tiergestützte Interventionen in Tiergestützte Therapie, Tiergestützte Pädagogik, Tiergestützte Aktivitäten und Tiergestütztes Coaching und legt Standards für diese Felder fest.

Weiter wurde der Definitionsprozess aufgegriffen von Wohlfahrt, Vizepräsident der International Association for Animal Assisted Therapy (ISAAT). Er diskutiert die Abkehr von allgemeinen Begriffen wie Tiergestützter Therapie oder Tiergestützten Interventionen zugunsten einer Spezifizierung der jeweiligen Grundprofession, zum Beispiel also tiergestützter Psychotherapie. In diesem Sinne erhielte das vorgenannte Adjektiv die Bedeutung spezifischer zusätzlicher Fähigkeiten über die jeweilige Grundprofession hinaus (Wohlfahrt, 2021 Nr 1).

Die vorliegende Arbeit bezieht sich auf hundgestützte Psychotherapie im Rahmen einer stationären Drogenrehabilitation. Der Begriff tiergestützt wird verwendet, wenn sich Inhalte auch auf andere Tierarten beziehen können. Der Begriff hundgestützte Psychotherapie oder hundgestützte Suchttherapie wird teils äquivalent verwendet und/oder abgekürzt mit hundgestützte Therapie.

Grundlagen tiergestützter Psychotherapie

Die stationäre Suchttherapie bedient sich innerhalb der ihr eigenen komplexen Anforderungen bereits seit langem eines breit aufgestellten methodenintegrativen Ansatzes. Um beantworten zu können, ob und warum das adjuvante Angebot einer hundgestützten therapeutischen Arbeit einen Zugewinn darstellen könnte, lohnt sich ein Blick auf deren Grundlagen.

Die Biophilie-Hypothese des amerikanischen Biologen Wilson beschreibt, dass das Interesse am Lebendigen angeboren sei. Eine Ursache hierfür sieht Wilson in der gemeinsam durchlebten Evolution der Wirbeltiere. Es sei ein menschliches Bedürfnis, sich nichtmenschlichen Lebewesen und ganz allgemein allem in der Natur anzunähern. Es habe die Überlebenschancen erhöht, seine Aufmerksamkeit auf

Naturphänomene und Tiere zu richten. Als erweiterten Effekt dieser Hypothese werten Beetz et al. 2021, dass schon allein die Anwesenheit ruhiger, entspannter, ungefährlicher Tiere beruhigend auf Menschen wirke und ein Gefühl der Sicherheit vermittle.

Gehirnuntersuchungen zeigten, dass sich die Gehirne von sozial lebenden Wirbeltieren in bestimmten Bereichen in Bezug auf ihre Strukturierung im Wesentlichen gleichen. Allen gemeinsam ist ein „soziales Netzwerk", bestehend aus Frontalhirn-Amygdala-Thalamus-Hypothalamus-Hippocampus, welches Sozialverhalten steuert. Außerdem schafft es eine Verbindung zum hormonellen System und ist am Lernen und am Stressmanagement beteiligt. Damit bildet es die biologische Basis für soziale Interaktionen, innerartlich und zwischenartlich.

Das artspezifische und individuelle Management von Stress steht in zentralem Zusammenhang jeglichen Sozialverhaltens und ist ebenfalls Produkt gemeinsamer Evolution von Wirbeltieren. Für die Persönlichkeit eines Individuums ist es entscheidend, wie stressresistent es ist. Schnell müssen potenziell negative und bedrohliche Reize identifiziert und das Stresssystem über Adrenalin, Noradrenalin und Cortisol aktiviert und nach Ende der Bedrohung die Stressreaktion wieder gedämpft oder unterbunden werden. Zur schnellen Stressreaktion gehört, dass Exploration unterdrückt und Wachsamkeit und Handlungsbereitschaft erhöht werden.

Da Oxytocin ein Gegenspieler des Cortisols ist, wirken sich positive Bindungserfahrungen insbesondere in den ersten Lebenswochen und –monaten positiv auf die Entwicklung des Stresssystems aus. Umgekehrt bergen negative Bindungserfahrungen die Gefahr eines schlecht ausgebildeten Stresssystems.

Bei Säugetieren, einschließlich des Menschen, ist mit dem „sozialen Netzwerk" im Gehirn ein universeller Bindungsmechanismus (Julius et al. 2014) verknüpft. Aufgrund dieses konservativen beibehaltenen Mechanismus dienen Oxytocin und Arginin-Vasopressin unter anderem dazu, Individuen an den Nachwuchs oder den Geschlechtspartner zu binden. Innerartlich variiert der Bindungsstil erheblich und hängt unter anderem ab von der Art der frühen Sozialisierung und dem genetischen Hintergrund. Der individuelle Bindungsstil, die Persönlichkeitsstruktur und Einstellungen beeinflussen den Beziehungs- und Interaktionsstil sowohl innerartlich als auch zwischenartlich, also zwischen Menschen und zwischen Mensch und Kumpantier. Bowlby begann 1969 die Beziehung zwischen Kindern und ihren primären Bezugspersonen zu beschreiben. Bindung ist durch zwei Parameter gekennzeichnet, die körperliche Nähe und das Versorgungs- oder Fürsorgeverhalten. Je nachdem inwieweit und in welcher Form Bezugspersonen Nähe und Fürsorgeverhalten zeigen, entwickelt das Kind unterschiedliche Bindungsmuster. Unterschieden wird zwischen sicher gebunden, unsicher-vermeidend gebunden, unsicher-ambivalent gebunden und desorganisiert gebunden. Die Bezugsperson nimmt also früh und deutlich Einfluss auf die Gehirnentwicklung des Kindes und bestimmt damit dessen späteres Fürsorgeverhalten. Dieser Mechanismus bewirkt, dass Bindungsstile und damit auch die Regulation der Stresssysteme über Generationen weitergegeben werden können. Bowlby und Ainsworth (Ainsworth 1985) gehen davon aus, dass Bindung ein lebenslanges und essenzielles Bedürfnis in allen engen, emotionalen Beziehungen ist. Dieses Grundbedürfnis ist evolutionär bedingt und eint alle sozial lebenden Säugetiere.

Julius et al. folgern, dass das menschliche Bindungsbedürfnis auch auf ein Tier, respektive einen Hund, übertragbar ist. Dies wird gestützt durch Mutschler / Wohlfahrt 2014, die das Nähe suchen von Menschen zu ihren Hunden in Momenten emotionaler Belastung als Indiz einer Bindung von Mensch zum Hund betrachten. Kann also ein Tier die

Bedürfnisse nach Bindung ebenso erfüllen, dann könnte auch die (sichere) Bindung zu einem Hund potenziell zu mehr Sozialkompetenz, Empathie und Emotionsregulation führen.

Voraussetzung für Bindung und Beziehung zum Hund und daher maßgeblich ist die Du-Evidenz. Dieses Konzept beschreibt das Interesse, die Fähigkeit und das Bewusstsein, das Gegenüber als Individuum, als „Du" wahrzunehmen. Ein unbekanntes Gegenüber wird zum Du, wenn die Anonymität weicht und Individualität und spezifische Wesensmerkmale wahrgenommen werden. Einem Tier einen Namen zu geben, macht dieses unverwechselbar und schreibt ihm individuelle Bedürfnisse, Eigenschaften, Gefühle zu. Diese Entwicklung vollzieht sich auf der sozio-emotionalen Ebene und macht einen Hund zu einem Sozialpartner.

Als weiterer grundlegender Faktor für innerartliche und zwischenartliche Beziehungen gelten seit deren Entdeckung die Spiegelneurone (Bauer 2006). Um Emotionen wie Furcht, Freude oder Schmerz zu fühlen, bedarf es entsprechender neuronaler Strukturen im Gehirn. Als spezieller Teil dieser Strukturen ermöglichen Spiegelneuronen ein affektives Wahrnehmen und Einfühlen in das Gegenüber. Sie ermöglichen, motorisch nachzuahmen was andere tun, deren Absichten zu erkennen und sich in sie hineinzuversetzen. Damit bilden sie die Basis für zwischenartliche affektive Kommunikation und Stimmungsübertragung.

Aus diesen sehr vereinfacht dargestellten Grundlagen von Mensch-Tier-Beziehungen ergeben sich eine Fülle weiterer, differenzierterer Schlussfolgerungen, die zu einer ebenso großen Zahl an möglichen Wirkfaktoren, Wirkungen und Funktionen eingesetzter Tiere führen.

Zunächst gilt es jedoch, die speziellen Bedingungen und Anforderungen des Arbeitsfeldes genauer zu betrachten, die eine therapeutische Arbeit mit Hund hier bestimmen.

Hundgestützte Therapie in der stationären Drogenrehabilitation - Settings und Anforderungen

Therapeutische Settings in der stationären Drogenrehabilitation

Bezugstherapie versus externe Therapie

Der psychotherapeutische Einsatz eines Hundes im Rahmen der stationären Drogenrehabilitation kann grundsätzlich aus zwei Perspektiven erfolgen. Im einen Fall führt die angestellte Bezugstherapeutin den Hund, die insgesamt für die Anamnese, Diagnostik, Behandlungsplanung und -durchführung der ihr zugewiesenen Patienten verantwortlich ist. Die zweite Möglichkeit wäre der Einsatz einer externen Fachkraft, die für spezifische hundgestützte Einheiten von außen kommt und die Fachklinik danach wieder verlässt. Aus diesen beiden Perspektiven ergeben sich jeweils bedeutsame Unterschiede bezüglich der Rahmenbedingungen, der Patientenauswahl und auch der therapeutischen Vorgehensweise bis hin zu veränderten indikativen Überlegungen und der Art der Erarbeitung von Inhalten mit Unterstützung durch den Hund. Aus beiden Perspektiven resultieren Vorteile und Beschränkungen. Zwischen diesen beiden Perspektiven sind auch „Mischformen" denkbar, beispielsweise wird die hundgestützt arbeitende Bezugstherapeutin ergänzend um einen Einsatz für einen Patienten eines anderen Bezugstherapeuten gebeten. Oder die externe Fachkraft ist womöglich noch eingebunden in anderen Rollen innerhalb der Fachklinik, vielleicht zur Freizeitgestaltung oder im Nachtdienst. Allerdings haben diese denkbaren Formen nur sehr vereinzelt oder gar keine Rolle im Arbeitsalltag der Verfasserin gespielt. Die jeweils zu bedenkenden relevanten Faktoren können aus den beiden grundlegenden Perspektiven abgeleitet werden.

Hundgestützt arbeiten als Bezugstherapeutin

Der Arbeitsalltag einer Bezugstherapeutin in einer Fachklinik wie der vorgestellten ist von einer engen zeitlichen Taktung und einer Vielzahl von Aufgaben bestimmt. Neben dem gruppen- und einzeltherapeutischen Auftrag für die Bezugspatienten ist diese an nahezu allen anderen Gruppenangeboten beteiligt. Eine Indikations- oder Bezugsgruppe kann bis zu dreieinhalb Stunden dauern, also einen ganzen Vormittag, unterbrochen von einer kurzen Pause. Aufgrund der beträchtlichen Dynamik des Klientels und des Settings sind kurzfrequente und häufige Teambesprechungen und Übergaben fester und zeitaufwendiger Bestandteil jeden Arbeitstages. Hinzu kommen Super- und Intervisionstermine, Besprechungen einzelner Fachteams und zeitlicher Aufwand für Dokumentation und Verfassung von Entlassberichten und Statistiken. Unterbrochen wird die Arbeit von einer Mittagspause einschließlich Mittagessen im Kolleginnenkreis in Räumen, die der Hund aus hygienischen Gründen nicht betreten kann. Die Bezugstherapeutin bewegt sich dabei ständig zwischen verschiedenen Gebäuden, ihrem Büro, der Verwaltung, verschiedenen Gruppenräumen, Speisesaal und anderen hin und her. Der Therapiebegleithund verbringt wie seine Halterin den gesamten Arbeitstag in der Einrichtung.[10]

10 *Fachkliniken für Abhängigkeitserkrankungen, insbesondere wenn es um illegale Substanzen geht, sind überwiegend in sogenannten reizarmen Umgebungen zu finden. Das bedeutet, dass sie häufig im ländlichen Raum mit einer in der Regel entsprechend spärlichen Anbindung an den öffentlichen Nahverkehr oder zumindest in der Peripherie von Ortschaften liegen. Die angestellte Therapeutin wird ihren Hund daher kaum in einer Pause nach Hause bringen können. Vorteil daran ist, dass es im Umfeld der Klinik vermutlich nahegelegene, natürliche Flächen für Spaziergänge und Beschäftigungsmöglichkeiten mit Hund und Patienten gibt.*

Der Hund hat einen eingerichteten Platz im Büro der Bezugstherapeutin einschließlich eines frisch befüllten Wassernapfes. Benötigtes Equipment für die Versorgung des Hundes, die Gestaltung der Pausen und mögliches Therapiematerial ist ebenfalls dort untergebracht. Dieser Raum ist immer und zuverlässig abgeschlossen, wenn die Bezugstherapeutin sich nicht darin befindet. Auch und gerade dann, wenn der Hund sich dort aufhält. Anders als beispielsweise bei einem Einsatz als „Stationshund" (vgl. Uhlmann et al. 2019) bewegt sich der Therapiebegleithund nie ohne die Halterin innerhalb der Einrichtung oder auf dem Außengelände. Dieser Grundsatz speist sich aus Absprachen medizinischen (Allergien, Hygiene) Ursprungs und aus der Rücksichtnahme auf ängstliche Patienten oder Mitarbeiterinnen oder religiöse beziehungsweise kulturell bedingte Vorbehalte.[11] Weiterer Hintergrund ist der Schutz des Hundes vor potenziell wenig empathischen Kontaktaufnahmeversuchen einzelner Patienten. Es obliegt der Halterin, gut einzuschätzen, wann der Hund sie auf ihren Wegen innerhalb der Einrichtung begleitet oder nicht. Für die angestellte Bezugstherapeutin ist der Weg zur Verwaltung, zum Beispiel um die Post zu holen, üblicherweise mit einer Anzahl spontaner Interventionen verknüpft wie Aufmerksam machen auf Regelverstöße, Erinnern an Termine und viele weitere, zudem wird sie häufig von Patienten angesprochen, die eigene Fragen und Angelegenheiten auf diesem Weg klären möchten.

Die Pausengestaltung der Bezugstherapeutin ist überwiegend an den Bedürfnissen des Hundes orientiert. Pausen werden dann in Form von

11 *Patienten islamischer Glaubenszugehörigkeit zeigen sich in ihrer Beziehung zu Hunden uneinheitlich und auch im Koran selbst gibt es nur wenige Aussagen zu Hunden. Innerhalb bestimmter islamischer Strömungen wird der Hund jedoch als unrein betrachtet. Das bedeutet jedoch nicht, dass sich das im individuellen Verhältnis eines einzelnen Patienten zum Hund zwingend spiegelt. Manche muslimische Patienten zeigen sich auch einfach verunsichert, da es im Herkunftsland oder innerfamiliär wenig positive Begegnungen mit Hunden gegeben hat. Grundsätzlich ist ein sensibler Umgang mit Vorbehalten angemessen.*

Spaziergängen oder Spieleinheiten im Außengelände oder näheren Umfeld der Klinik alleine mit dem Hund gestaltet.

Aus der Perspektive der angestellten Bezugstherapeutin ergibt sich, dass in erster Linie deren Bezugspatienten Kontakt zum Therapiebegleithund haben und aus räumlichen Gründen haben müssen, unabhängig davon, ob der Hund für diese Patienten aktiv eingesetzt wird oder nicht. Dies muss bereits bei der Aufnahmeplanung berücksichtigt werden. Alle übrigen Patienten haben nur spontane Kontakte zum Hund, die sich während der Pausenzeiten oder auf Laufwegen ergeben. Einzelne von ihnen, die sich besonders zum Hund hingezogen fühlen, nutzen diese Möglichkeiten initiativ, sodass auch hier stets ein reflektiertes Management der Kontakte erforderlich ist.

Die grundsätzliche Anforderung der angestellten Therapeutin ist es, neben ihren vielfältigen Aufgaben und innerhalb einer sehr strukturierten Taktung sämtliche Bedürfnisse des begleitenden Hundes nach Regeneration und Ruhe, Gesellschaft, Aufmerksamkeit und Beschäftigung, Futteraufnahme und Lösen im richtigen Maß und zum richtigen Zeitpunkt in den Arbeitstag zu integrieren. Dies schließt die Fellpflege, Lösen und Bewegen vor Arbeitsbeginn und die Gestaltung des Heimwegs mit ein. Gelingt das gut, sollte dies am Verhalten des Hundes sichtbar werden. Er begibt sich motiviert auf den Weg zur Arbeit, betritt das Einrichtungsgelände souverän und interessiert und bewegt sich dort wie in einem zweiten Zuhause. Er kennt die Abläufe, Wege und Menschen und fühlt sich im Büro der Bezugstherapeutin ähnlich vertraut und beheimatet wie in den gemeinsamen Wohnräumen. Wie viele Tage in der Woche der Therapiebegleithund anwesend ist und an welchen, muss ebenfalls gut überlegt sein und orientiert sich an der Belastbarkeit des Hundes, dem jeweiligen Tagesprogramm und anderen Umständen wie beispielsweise alternativen Unterbringungsmöglichkeiten.

Klarer Vorteil dieser Perspektive ist es, sehr spontan Verhaltensweisen und Themen des Hundes oder Verhaltensweisen und Themen des Patienten aufzugreifen und therapeutisch nutzen zu können. Dem Arbeitsalltag und der üblichen Form der (einzel-) therapeutischen Arbeit entsprechend, wird der Hund oft nur für sehr kurze Sequenzen aktiv in die Arbeit einbezogen. Wie genau das geschieht, hängt vom Patienten, der Thematik, den Eigenarten des Hundes, der hauptsächlich verwendeten therapeutischen Methodik und damit auch von der jeweiligen therapeutischen Ausbildung der Behandlerin sowie deren persönlichem Arbeitsstil ab.

Dokumentiert und evaluiert wird in diesem Setting die hundgestützte Intervention genauso wie alle anderen Interventionen. Sie findet Eingang in die therapeutische Verlaufsdokumentation der jeweiligen Patientenakte und wird in der Klassifikation Therapeutischer Leistungen KTL quantitativ erfasst. Evaluiert wird gemäß der üblichen Strukturen in Form von Monitorings sowohl innerhalb des Gesamtteams als auch gemeinsam mit dem Patienten.

Hundgestützt arbeiten als externe Fachkraft

Ganz anders gestalten sich die Bedingungen für eine externe Fachkraft und deren Therapiebegleithund. Sie kann, im festgelegten Volumen, von jeder/jedem Bezugstherapeutin gebeten werden, mit einem Patienten zu arbeiten. Auch die grobe Aufgabenstellung ist hier bereits vorbesprochen. In der zeitlichen Ausgestaltung ist die externe Fachkraft deutlich flexibler, da sie nur eingeschränkt der üblichen Alltagstaktung unterliegt. Einzeltherapien können folglich bei Bedarf deutlich mehr Zeit in Anspruch nehmen als die üblichen 50 Minuten. Der Patient wird dann für die voraussichtliche Dauer der Einheit von seinen anderen Verpflichtungen und therapeutischen Angeboten freigestellt. Möchte die externe Fachkraft indoor arbeiten, so muss vorher geklärt sein, welcher Raum geeignet ist und zur Verfügung steht. In der Regel ist das einer der Gruppenräume. Das jeweils voraussichtlich benötigte Material muss dann im Vorfeld gepackt und mitgenommen werden. Neben der Möglichkeit draußen auf dem Außengelände an geeigneter Stelle zu arbeiten, besteht auch hier die Möglichkeit, sich ins Umfeld der Fachklinik zu bewegen. Die externe Fachkraft hat jedoch auch die Option, den gesamten Termin an einen völlig anderen Ort zu verlegen, wenn das für eine zielführende Arbeit geboten scheint. Dann würde sich der Patient unter sorgfältig geklärten Bedingungen zur Fachkraft und dem vereinbarten Treffpunkt hinbewegen. Das kann bereits Teil des therapeutischen Auftrags sein.

Grundsätzlich bedeutet ein Einsatz als „Externe" deutlich mehr Kommunikationsaufwand für alle Beteiligten. Die Fachkraft kennt den Patienten zu Anfang nicht und hat nur die Informationen zur Verfügung, die ihr der/die Einzeltherapeutin zur Verfügung stellt. Sie hat keinen Einblick in die gesamte individuelle Therapieplanung des Patienten und auch nicht in seinen Terminkalender. Fahrten des Patienten bedürfen bezüglich Fahrgeld, das beantragt werden muss, Strecken- und Zeitplanung für öffentliche Verkehrsmittel, Rückkehr in die Klinik samt obligatorisch zu erfolgender Urinkontrolle und so weiter bedeutenden Aufwand. Der Informationsrückfluss an die/den Bezugstherapeutin und, im Falle einer Rückkehr des Patienten in das Therapiezentrum auch des jeweiligen Tagdienstes, muss zuverlässig und zeitnah erfolgen. Hilfreich ist, wenn die externe Fachkraft über einen guten grundsätzlichen Überblick über Regeln, Gepflogenheiten und Abläufe in der Fachklinik verfügt, um unnötigen Aufwand und eventuelle Dehnungen geltender Regeln zu umgehen.

Vorteile dieser Perspektive ergeben sich aus der gut planbaren situativen Belastung für den Hund. Anzahl und Dauer des Einsatzes können entsprechend gut angepasst werden. Der Anteil des aktiven Einsatzes des Hundes ist während des Angebots deutlich höher. Die externe Fachkraft hat die Möglichkeit, therapeutische Angebote zu kreieren, die innerhalb eines Therapiezentrums und seiner zeitlichen Taktung nicht leistbar wären und daher einen besonderen Mehrwert für die Behandlung eines Patienten bieten können. Ein womöglich sinnvolles Expositionstraining bei sozialer Phobie beispielsweise kann in der Regel aufgrund des zeitlichen Aufwandes und dem erforderlichen Aufsuchen verschiedener angstbesetzter Situationen und Orte kaum im üblichen Rahmen bewältigt werden.

Auch bezüglich der Formen von Dokumentation und Evaluation ergeben sich Unterschiede. Da die externe Fachkraft nur eingeschränkt für die Dauer der Einheiten Kontakt zum Patienten hat, müssen diese direkt im Anschluss mit dem Patienten ausgewertet werden. Auch die nächste Einheit muss unmittelbar gemeinsam besprochen werden. Ergänzend müssen Formen entwickelt werden, wie die Einschätzung der externen Fachkraft und die Bewertung des Patienten zeitnah und zuverlässig festgehalten werden. Hier werden in der Regel verschiedene Möglichkeiten genutzt und die jeweils geeignetste gewählt.

Evaluation

immer:	unterschiedlich:
• Rückkopplung mit Bezugstherapeutin	• Protokolle
• Reflexion der Einheit zum Abschluss	• Feedbackbögen
• Gemeinsame Planung nächste Einheit	• Reflexionsaufgaben

Ausschnitt Reflexbogen:

- **Rückweg ins Brückle** (Abschied Hund/e, Abschied Bärbel und Begleitpersonen, am Freiburger Bahnhof, Einsteigen, Platzwahl, Gespräch auf der Fahrt, Anmelden beim Tagdienst, den anderen etwas erzählen, dem/der Einzeltherapeutin etwas erzählen...)
- Suchtdruck: 0—1—2—3—4—5—~~6~~—7—8—9--10

Abschied war gut ~~fast schon~~ herzlich bis zum Bahnhof gebracht
Ich persönlich hatte Suchtdruck wo wir ~~Z~~ Bahnhof an ein Gruppe junge konsomierende Leute verbeiliefen der sich im Zug legte

- **Regelverstöße?**

~~wurden~~ keine

- **Was hats Dir gebracht?** (stell dir nochmal deine Therapieziele vor. Was hatte das mit deinen Zielen zu tun? Hast du etwas ausprobiert?, etwas geschafft? etwas geübt?, etwas erkannt? Was?

Menschenmengen aushalten
mit Suchtdruck lernen besser umzugehen
~~b~~ nach der Therapie
mehr probieren aus mir heraus zu kommen

- **Sonst noch?** war einer der besten Tage

Einzel- versus Gruppentherapie

Zum Behandlungsangebot einer stationären Drogenrehabilitation gehören zahlreiche Arten von Gruppenangeboten. Hierzu gehören organisatorische Gruppen wie beispielsweise eine „Ausgängerbesprechung", die regelt, wer wann und mit wem in den Ausgang geht. Auch die Beantragung von Geld, die „Freizeitbesprechung" die Angebote und Teilnahmen organisiert und andere gehören hierzu.

In der „Tagesreflexion" versammelt sich die komplette Hausgemeinschaft, in der Regel gemeinsam mit einem/einer Therapeut*in. Es handelt sich also um eine nahezu täglich stattfindende Großgruppe, die sich gegenseitig Rückmeldung gibt, Konflikte innerhalb der Hausgemeinschaft und/oder schwieriges Verhalten Einzelner thematisiert und aktuelle Themen des Zusammenlebens bespricht. Diese Gruppe ist aufgrund der vielen Beteiligten und der häufig kritischen Beiträge selten spannungsfrei.

Nicht regulär, sondern nur in besonders kritischen Situationen, wird „die Großgruppe" einberufen. Sie versammelt sich nur auf Intervention des Behandlungsteams und unterbricht den gesamten Tagesablauf. Anwesend sind sämtliche Patienten und ein großer Teil des Behandlungsteams. Alle anderen Therapieformen sind in dieser Zeit ausgesetzt. Sie dient der Aufklärung kritischer Entwicklungen im Haus, also gravierender Regelverstöße oder Rückfallvermutungen. Auch Konsequenzen für anhaltende und/oder gravierende Regelverstöße oder disziplinarische Entlassungen werden häufig in diesem Kontext ausgesprochen. Die „Großgruppe", die mit einem nur für diesen Zweck verwendeten akustischen Signal „eingeläutet" wird, hat grundsätzlich aufrüttelnden und zur Aufklärung auffordernden Charakter. „Großgruppen" sind daher immer mit erheblicher Anspannung aller Beteiligten verbunden.

Indikationsgruppen haben eine deutlich geringere Anzahl an Teilnehmern und beziehen sich inhaltlich auf bestimmte Themenschwerpunkte. Hier gibt es Gruppen zur Abstinenzzuversicht, zu Delinquenz, zum Training sozialer Kompetenzen, zu männlicher Identität und nicht zuletzt zur Rückfallvorbeugung. Die Teilnahme daran ist einerseits gebunden an die jeweilige Therapiephase des einzelnen Patienten. So ist die Gruppe zur Abstinenzzuversicht in der Regel den „Neuen" vorbehalten und die Rückfallvorbeugung jenen, die sich auf das Ende der intensivtherapeutischen Phase zubewegen. Andererseits greift sie spezielle Themen auf, um einzelnen Patienten eine vertiefende Erarbeitung bestimmter Aspekte ihrer Persönlichkeit oder ihrer Verhaltensweisen im Rahmen einer Gruppe zu ermöglichen.

Die bezüglich der Teilnehmerzahl kleinste Gruppe ist die Bezugsgruppe oder „Kleingruppe". Sie setzt sich zusammen aus allen Patienten einer oder eines Bezugstherapeut*in. Das sind konkret bei einer Vollzeitkraft etwa acht Patienten. Hier wird im engeren Sinne gruppentherapeutisch[12] an individuellen Themen der einzelnen Patienten gearbeitet.

Vielfach werden innerhalb des großen Feldes tiergestützter Interventionen Hunde auch in Gruppensettings gewinnbringend eingesetzt. Ist es jedoch das Ziel, im vorliegenden Setting und innerhalb der psychotherapeutischen Behandlung, also nicht in der Arbeitstherapie und nicht in der Freizeitpädagogik oder anderen, den Hund passgenau und profitabel einzusetzen und ihm weit möglichst Stress und Instrumentalisierung zu ersparen, so scheint das im Einzelsetting besser gewährleistet. Dies gilt vor allem dann, wenn die angestellte Bezugstherapeutin den Hund einsetzt, er also viel Zeit in der Einrichtung verbringt. Ein hundgestützter Einsatz durch eine externe TherapeutIn bietet hier durch den situativen Einsatz sicher mehr Spielraum.

12 *Vgl. Irvin D. Yalom Im Hier und Jetzt. Richtlinien der Gruppenpsychotherapie2005*

Wird sich dennoch für einen Einsatz des Hundes in einer Gruppe entschieden, so bietet sich der angestellten Therapeutin hier am ehesten die Bezugsgruppe beziehungsweise „Kleingruppe" an. Dem Hund sind hier alle Patienten bekannt, selbst wenn er nicht bei jedem Patienten eine aktive Rolle gespielt hat, denn alle betreten das Büro der Bezugstherapeutin im Rahmen der Einzeltherapie. Die Verfasserin hat sich nur sehr selten für eine Anwesenheit des Hundes im Rahmen der Bezugsgruppe entschieden. In diesen Momenten wurde der Hund zu keinem Zeitpunkt aktiv eingesetzt oder aktiv von Patienten zum Kontakt aufgefordert. Er hatte „freie Platzwahl", konnte sich also während der Gruppentherapie nach Belieben bewegen. Dies hatte vor allem diagnostische Relevanz für die Therapeutin. Der eingesetzte Hund hat sich in der Regel neben dem Patienten niedergelassen, der akut am meisten belastet war und damit einen Hinweis darauf gegeben, diesem Patienten therapeutischen Raum zu gewähren.

Nicht begründbar und weder durch den vermeintlichen Effekt noch hinsichtlich der zu erwartenden Belastung für den Hund legitimierbar ist aus Sicht der Autorin der Einsatz beziehungsweise die Anwesenheit des Hundes in einer der beschriebenen Großgruppen.

Grundsätzlich ergibt sich, dass der eingesetzte Hund sowohl schonender als auch im beschriebenen Kontext zielgerichteter im Einzelsetting zu Einsatz kommen kann. Ob dieser Einsatz aktiv, zum Beispiel zur Erarbeitung bestimmter Themen, erfolgt oder passiv im Sinne eines „er ist auch da", hängt von vielfältigen Faktoren ab und kann entgegen der nachvollziehbaren Standards (vgl. Wohlfahrt, Olbrich 2014) bezüglich Geplantheit und Zielgerichtetheit des Einsatzes nicht immer vorhergesehen werden. Das hängt auch damit zusammen, dass das eventuell für die Einzelstunde geplante Vorgehen oft aufgrund akuter Befindlichkeiten, Konflikte oder Krisen spontan verworfen werden muss.

Anforderungen …

… an den Hund

Gesundheit und Gesunderhaltung

Zunächst sollte der eingesetzte Hund gesund, ausgeruht und schmerzfrei sein. Eine grundständige mindestens jährliche, besser halbjährliche Untersuchung durch den Tierarzt und ein aktueller Impfstatus sind obligatorisch. Gegen Endoparasiten werden im Bedarfsfall Entwurmungen entsprechend der tierärztlichen Empfehlung durchgeführt. Regelmäßige Kotuntersuchungen mindestens zweimal jährlich geben Aufschluss über die Parasitenfreiheit beziehungsweise den Behandlungsbedarf. Gegen Ektoparasiten erfolgt in der hiesigen Region Süddeutschland eine durchgängige Prophylaxe.

Ein guter Pflegezustand bezüglich Fell, Zähnen, Ohren und angemessene Sauberkeit ist unverzichtbar. Zu den gesundherhaltenden Maßnahmen gehört zwingend, dass der Hund täglich und ausreichend Ruhezeiten zu seiner Regeneration in Anspruch nehmen kann und auch nimmt.

Ausbildungsstand

Grundlage alles Weiteren ist zunächst die gelungene sichere Bindung des Hundes zu seiner Halterin und eine enge Beziehung beider zueinander, die von Empathie und gelassenem Wohlwollen seitens der Halterin und Vertrauen und Bezogenheit seitens des Hundes bestimmt ist. Auf dieser Grundlage sollte der Hund eine solide Grunderziehung erfahren haben. Das bedeutet, dass er können sollte, was ein wohlerzogener Familienhund auch kann. Absitzen, kommen, folgen, ablegen, sich zum Ruheort schicken lassen, bleiben, ein Abbruchsignal und ein

Freigabesignal bilden hier die nötige Grundlage. Alles Können und Training darüber hinaus orientiert sich an den Talenten des Hundes und dem, was er von sich aus anbietet und großartig findet. Aus begeistertem Suchen oder der Lust am Apportieren lassen sich vielfältige Möglichkeiten beim Einsatz ableiten.

Wesen

Für die Arbeit in der stationären Drogenrehabilitation ist ein möglichst „cooler" Hund von Vorteil. Gerne darf er nervenstark und selbstbewusst sein. Eine hohe Reizschwelle des Hundes gegenüber Geräuschen, Bewegungsreizen (auf dem Freigelände spielen fast immer Patienten Ball oder Frisbee) und Menschengruppen ist günstig. Menschen gegenüber sollte der Hund interessiert, freundlich und aufgeschlossen sein. Eine unaufgeregte, auf Patienten womöglich desinteressiert wirkende Haltung des Hundes ist günstiger als ein initiativ Kontakt aufnehmender Hund mit höherem Erregungslevel. Nicht nur der Hund selbst, auch die Patienten profitieren von einem Hund, der die innere Freiheit besitzt, sich zum Ausdruck zu bringen. Dabei darf und soll er auch auf angemessene Weise zeigen, dass er etwas nicht will, also den Kopf entziehen oder sich distanzieren. Ein Zuviel an „will to please" ist nicht von Vorteil. Seine grundlegende Kooperationsbereitschaft ist hier wichtiger. Ein Hund, der deutlich mitbestimmt, ob, wann, wo und in welcher Weise er angefasst oder angesprochen werden möchte, bietet ein wertvolles Lernfeld für Patienten, die oft mit der Wahrnehmung von Grenzen und mit Einfühlung Schwierigkeiten haben. Gleiches gilt, wenn es darum geht, ihn zu einer Aktion zu veranlassen. Während der etwas eifrige Hund gerne bereit ist, auch ein verwirrendes Signalkauderwelsch aus Sprache, Körperhaltung und Richtung schnell aufzunehmen und umzusetzen, profitieren wir in diesem Umfeld durchaus davon, dass der Patient sich bemüht, möglichst eindeutig und kongruent zu kommunizieren.

Vorteilhaft ist es auch, wenn der Hund schnell zwischen Aktion und Ruhe wechseln kann, also einerseits schnell bereit ist, gemeinsam loszulegen und sich andererseits sofort entspannt, wenn es für ihn nichts zu tun gibt. Das gilt nicht nur bei einem Wechsel von drinnen nach draußen. Auch und gerade bei Einheiten im Freien kommt es immer wieder zu reflektierenden Gesprächen und entsprechenden Geh- oder Aktionspausen. Schön, wenn der Hund sich dann einfach fallen lässt und nicht in Spannung verharrt, bis es weiter geht.

Unerlässlich ist es, dass der Hund gut alleine bleiben kann. Um seine Ruhephasen zu gewährleisten, aber auch, weil Gruppentherapien oder Besprechungen, an denen er nicht teilnimmt, mehrstündig sein können, sollte er diese Phasen zur Entspannung auch gut nutzen können.

... an die Suchttherapeutin

Zunächst einmal gelten die Standards, Behandlungsleitlinien und Qualifikationsanforderungen der maßgeblichen Akteure (siehe auch S. 11 f.) in der Behandlung Abhängiger. Die behandelnde Therapeutin ist studierte Psychologin oder wie im Falle der Verfasserin studierte Sozialarbeiterin mit einer von den Rentenversicherungen und Krankenkassen anerkannten mehrjährigen Zusatzausbildung zur Suchttherapeutin.

Eine qualitativ hochwertige Ausbildung[13] zur Fachkraft für tiergestützte Therapie ist empfehlenswert, jedoch aktuell nicht verpflichtend. Sie verschafft der Therapeutin hinsichtlich des weiten Feldes tiergestützter Einsatzmöglichkeiten einen Überblick, befähigt sie zur reflektierten und umsichtigen Implementation des hundgestützten Angebots in das Kliniksetting, führt zur vertieften Auseinandersetzung mit Wirk-

13 Die Organisationen ISAAT und ESAAT beschäftigen sich mit Qualitätsentwicklung und –sicherung im Feld der tiergestützten Arbeit und bieten entsprechende Orientierung. Vgl. (Wohlfahrth, 2014)

faktoren der hundgestützten Therapie und vermittelt Kenntnisse zur entsprechend fundierten Konzeptentwicklung.

Ebenso empfehlenswert wie derzeit nicht verpflichtend notwendig, ist die gemeinsame Ausbildung mit dem eingesetzten Hund zum Therapiebegleithunde-Team. Diese Ausbildung verhilft der Therapeutin vor allem in den praktischen Anteilen zu einer feineren Wahrnehmung ihres vierbeinigen Gefährten und einem vertieften Verständnis seines Ausdruckverhaltens, seiner Vorlieben und Talente und auch einer besseren Wahrnehmung der Situationen, denen der Hund reserviert oder unsicher begegnet. Von größter Bedeutung ist das sichere und frühestmögliche Wahrnehmen von Stressanzeichen des Hundes beziehungsweise genau dieses Hundes. Die Therapeutin erlangt mehr Bewusstsein für die eigene Beziehungsdynamik zwischen ihr und ihrem Hund und der Art und Intensität derselben. Erst die Erweiterung ihrer Möglichkeiten ihren Hund „zu lesen" und das Wissen um die eigene Beziehungsqualität zwischen Therapeutin und ihrem Hund ermöglicht das sinnbringende Erweitern in ein triadisches Verhältnis, wenn der Hund in die Psychotherapie einbezogen wird.

Eine der wichtigsten Fähigkeiten in der stationären Drogenrehabilitation ist sicher das eigene Abgrenzungsvermögen. Nicht nur die Patienten sind hier vielen Stress- und Belastungsfaktoren ausgesetzt, sondern die Behandlerinnen ebenso. Die zeitliche Taktung ist sportlich, die therapeutischen Inhalte machen betroffen, die pädagogischen Interventionen können aufreibend sein, Kriseninterventionen sind an der Tagesordnung. Insgesamt herrscht im Arbeitsfeld eine „hohe Drehzahl". Es ist geprägt von einer enormen Dichte und der suchttypischen Dynamik: „Es ist nie genug!". Diese Abgrenzungsfähigkeit gewinnt beim Einsatz des eigenen Hundes noch zusätzlich an Bedeutung. Die Grenzen des Hundes für diesen stellvertretend zu wahren ist permanente Verpflichtung. Im Nebeneffekt bietet sie damit auch ein nützliches Modell für

Patienten, die quasi immer auch ein Thema mit der eigenen Abgrenzungsfähigkeit mitbringen, im mindesten bezüglich ihres Suchtmittels.

Suchtpatienten erspüren die Authentizität ihres Gegenübers nahezu genauso gut wie unsere Hunde das können. Jede Unsicherheit, Ambivalenz, Unwilligkeit, Ratlosigkeit wird genau wie Betroffenheit oder aggressive Impulse seismografisch wahrgenommen. Dies verlangt einerseits eine ausgeprägte Souveränität der Behandlerin in Wahrnehmung, Umgang und Ausdruck eigener Befindlichkeiten. Es gilt transparent zu sein und wahrhaftig zu kommunizieren und gleichzeitig die eigene Rolle zu halten. Eine aufrichtige Kommunikation ist in diesem Feld deshalb von besonderer Bedeutung, weil sie den Patienten ebenfalls als Modell dienen muss. Diese haben, vielleicht nicht nur, aber auch aufgrund ihrer Abhängigkeit von illegalen Substanzen süchtige Kommunikationsformen jahrelang ausgeprägt. Lügen, Tricksen, Verheimlichen, Vermeiden, Ausweichen, Ablenken, das Gegenüber in die Defensive drängen und so weiter wurde quasi zum Kommunikationsstil, der mitunter nicht mehr bewusst und in Einzelfällen nahezu reflexhaft auftritt. Es gilt daher: Wenn die Kommunikation nicht „clean" wird, wird es der Patient auch nicht.

Die hundgestützt arbeitende Therapeutin wird nicht nur anhand ihrer Kommunikation mit dem Patienten eingeschätzt, sondern in gleichem Maße an ihrer Kommunikation mit dem Hund. Alleine vor diesem Hintergrund ist ein Rückgriff auf „manipulierte" oder „manipulierende" Verhaltensweisen und Kommunikationsformen mit dem Hund, also Tricks, Locken, Bestechen mit Futter und Ähnliches kritisch zu sehen und aus Sicht der Verfasserin sollte grundsätzlich hierauf verzichtet werden. Vorsicht geboten ist auch bei Anwendung sogenannter Unterordnungsübungen. Da das Thema Regeln und Grenzen innerhalb einer Suchttherapie stets besonders im Fokus steht, wird der Umgang der Therapeutin mit ihrem Hund, insbesondere im Falle eines Nicht-

Ausführens eines angeforderten Verhaltens des Hundes, sehr genau wahrgenommen. Unwillen, Humor, Fehlerfreundlichkeit, Konsequenz bei gleichzeitiger freundlicher Aufrechterhaltung des Kontakts können Aspekte sein, die besondere Relevanz auch für die therapeutische Beziehung zum Patienten haben können. Patienten übertragen vermutete Erwartungen der Therapeutin schnell auf die eigene Beziehung zu dieser, mit entsprechenden Folgen für die therapeutische Allianz und den Mut zum authentischen Selbstausdruck, gerade bei unsicheren Patienten.

Daraus folgt auch, dass die Art, wie der Hund bei der therapeutischen Arbeit eingesetzt wird, immer am Hund orientiert sein muss. Therapeutisch genutzt wird also, was der Hund anbietet an Verhaltensweisen und Reaktionen. Synthetisch generierte Aufgaben, wie sie in Seniorenheimen und der Arbeit mit Jugendlichen mitunter genutzt werden, sind hier nicht am Platz. Dies gilt auch für gezielte therapeutische Aktionen. Die Referenz für den Aufbau einer kleinen Übung bildet immer zunächst die auch sonst bevorzugte Art der Beschäftigung mit dem Hund, sei es Suchen, Apportieren, Fährten oder sonst etwas, das der Hund gerne und mit Begeisterung tut. So sind der Mehrwert und die Sinnhaftigkeit für den Hund gewährleistet und gleichzeitig die nötige Wahrhaftigkeit gegenüber dem Patienten, der auch eine Instrumentalisierung des Hundes fein wahrnehmen würde.

... an die Einrichtung

Voraussetzung für die hundgestützte Therapie im stationären medizinischen Rahmen ist grundlegend, dass dieses Angebot im Sinne der methodenintegrativen Behandlung als Mehrwert betrachtet wird und gewollt ist. Nur vor diesem Hintergrund lassen sich die damit verbundenen Anforderungen und Aufwände innerhalb einer Fachklinik lösungsorientiert und reibungsarm bewältigen.

Hygiene, Unfallverhütung, Versicherung

Zu den vordringlichsten Aufgaben gehört die Erarbeitung eines Hygienekonzepts und dessen Integration in das Qualitätsmanagement der Klinik. Inhaltlich gilt es der Übertragung von viralen, bakteriellen und mykotischen Erregern und den mit ihnen verbundenen Infektionserkrankungen wirksam zu begegnen. Dies schließt auch die Übertragung von Erkrankungen ein, die über die Einschleppung von Ekto- und Endoparasiten erfolgen können. Der Verursachung oder Verschlimmerung von Allergien muss vorgebeugt und die Möglichkeit von Biss- oder Kratzverletzungen berücksichtigt werden. Weiter müssen hygienische Vorgaben im Umgang mit dem Einschleppen von Schmutz, Haarverlust und dem Absondern von Exkreten und Sekreten bestimmt werden.[14] Unfallrisiken durch Anspringen, Stolpern, Rempeln, Stürzen muss vorgebeugt werden. Versicherungsfragen müssen geklärt werden. In einer Rehabilitationseinrichtung sind die Patienten über die zuständige Berufsgenossenschaft unfallversichert. Dies gilt jedoch nur, wenn der im Umgang mit dem Therapiebegleithund verursachte Schaden innerhalb eines hundgestützten Angebots stattgefunden hat und dieses Angebot im Konzept der Einrichtung verankert ist. Bei anderen Unfällen, also außerhalb der therapeutischen Einheit, greift die entsprechend gewählte Tierhalter-Haftpflichtversicherung bei den angestellten Fachkräften beziehungsweise die Betriebs- oder Berufshaftpflichtversicherung bei externen Fachkräften. Die genannten Risiken lassen sich über Zugangsbeschränkungen, Desinfektionsregeln von Equipment und Räumen, Handdesinfektion von Fachkraft und Patienten, Bestimmung von Kontraindikationen und der Zuordnung von Verantwortlichkeit und Zuständigkeit klären und den klinischen Rahmenbedingungen anpassen. Dokumentiert werden diese Regelungen

14 Die Organisationen ISAAT und ESAAT beschäftigen sich mit Qualitätsentwicklung und -sicherung im Feld der tiergestützten Arbeit und bieten entsprechende Orientierung. Vgl. (Wohlfahrth, 2014)

im Qualitätsmanagementhandbuch der Einrichtung. Die tierärztlichen Kontrollen und Behandlungen werden im Bestandsbuch der Halterin dokumentiert und sind auf Anforderung vorzuhalten.

Einverständnis des Teams

Insbesondere im suchttherapeutischen Kontext ist das gemeinsame Agieren des Gesamtteams von besonderer Bedeutung, da hier eventuell bestehende Konflikte, Differenzen, Animositäten, Konkurrenzsituationen schnell unerwünschte Auswirkungen auf die Behandlungsqualität insgesamt haben. Die hundgestützte Therapie betrifft potenziell alle Beschäftigten und sollte entsprechend getragen sein. Um dem Hygieneplan gerecht zu werden, hat der jeweilige Tagdienst mit der anschließend zu organisierenden Reinigung der Räume mehr Arbeit. Die medizinische Leitung der Klinik zeichnet verantwortlich für das Hygienemanagement und einige Teammitglieder mögen allergisch sein oder Hunden gegenüber ängstlich. Es kann zu Neid- oder Unverständnisreaktionen einzelner Patienten kommen, die der jeweilige Bezugstherapeut aufgreifen und auflösen muss. Vorbehalte und Wünsche der Teammitglieder sollten daher entsprechend kommuniziert und im Alltag berücksichtigt werden.

Kosten und Kostenerstattung

Ein Therapiebegleithund verursacht ein beträchtliches Maß an Kosten, beginnend mit der Anschaffung, der notwendigen Ausstattung, Futter, Tierarztrechnungen, Versicherungskosten bis hin zu seiner Ausbildung vom Welpenalter an. Auch die Ausbildung zur Fachkraft für tiergestützte Therapie ist kostspielig, die Anschaffung von therapeutisch zu nutzenden Materialien ebenfalls. Diese Kosten trägt zunächst einmal die Fachkraft und Halterin des Hundes. Inwieweit die Fachklinik bereit ist, sich an den Kosten von Unterhalt, Ausstattung oder Ausbildung zu beteiligen muss individuell verhandelt werden. Auf die Vergütung einer angestellten Bezugstherapeutin hat der therapeutische Einsatz des Hundes in der Regel keine Auswirkungen. Die externe Fachkraft muss ebenfalls eine eventuelle Vergütung und deren Höhe individuell aushandeln. Da die Einzelleistungen innerhalb einer stationären Drogenrehabilitation nicht modular, sondern pauschaliert per Tagessatz vom Kostenträger vergütet werden, hat die Fachklinik weder Verdienst durch das Angebot noch ein Budget dafür. Seit einigen Jahren kann sie das Angebot zumindest in der Klassifikation therapeutischer Leistungen, kurz KTL, erfassen.[15]

Aufnahmeplanung

Am Tag der Aufnahme eines neuen Patienten wird dieser üblicherweise von seiner vorgesehenen Bezugstherapeutin in Empfang genommen. Mit ihm und gemeinsam mit der Klinikleitung wird ein Aufnahmegespräch geführt. Wenn nicht bereits im Vorfeld der Aufnahme geschehen, muss spätestens in diesem Rahmen geklärt werden, ob Vorbehalte, Ängste oder Allergien gegen die Anwesenheit eines Hundes sprechen. Der Therapiebegleithund selbst nimmt nicht am Aufnahmegespräch teil. Zu einem späteren Zeitpunkt am Aufnahmetag wird die Bezugstherapeutin das Gespräch in Anwesenheit des Hundes fortsetzen und dem Patienten den Hund vorstellen. Schriftliche Einwilligungserklärungen, eventuelle Haftungsausschlüsse, Informationsschriften werden empfohlen. Tatsächlich ist bereits die Aufnahmeplanung einer Suchtklinik geprägt von der sprunghaften Motivationslage des Klientels und den Bedingungen für eine Aufnahme, die in letzter Minute doch nicht erfüllt werden. So hat der Patient womöglich die Entgiftung nicht abgeschlossen oder ist auf dem Weg zur Einrichtung „falsch abgebogen". Ob die hundgestützt arbeitende Bezugstherapeutin

15 Allerdings lediglich unter der Kodierung H82 oder H83 im Kodierungsbereich Reha-Pflege + Pädagogik (vgl. KTL Klassifikation therapeutischer Leistungen in der medizinischen Rehabilitation Ausgabe 2015 der Deutschen Rentenversicherung)

peutin einen neuen Patienten aufnimmt, erfährt sie daher oft erst am Tag der Aufnahme. An diesem Tag ist für den Neuankömmling viel zu bewältigen. Zeit für ausführliche Aufklärungen über die Risiken hundgestützten Arbeitens und entsprechende Risikovermeidungsmaßnahmen bleibt nicht und könnte aufgrund der Fülle an Neuem auch kaum vom Patienten aufgenommen werden. Das Fehlen von Kontraindikation, das Einverständnis des erwachsenen Patienten und die nahezu immer auftretende Freude über die Ergänzung des Settings durch den Hund müssen hier zunächst ausreichen.

... an den Patienten

Neben seinem Wunsch hundgestützt zu arbeiten oder zumindest seinem Einverständnis und der Freiheit von einer Hundehaarallergie muss der Patient nicht viele Anforderungen erfüllen, damit es zu einem profitablen Einsatz des Hundes kommen kann. Hundgestützte Therapie darf daher auch im besten Sinne als niedrigschwelliges Angebot bezeichnet werden. Eine bereits bewusste Affinität zu Tieren oder explizit zu Hunden ist hilfreich. Es ist aber möglich, dass der Patient erst im Laufe der Behandlung und Begegnung mit dem Therapiebegleithund Interesse und einen Bezug entwickelt. Bei Patienten, in deren Anamnese das Quälen von Tieren auftaucht, ist besondere Aufmerksamkeit geboten. Eine Kontraindikation für das therapeutische Arbeiten mit einem Tier ist das nicht zwingend. Grundsätzlich muss der Patient in der Lage und willens sein, Hinweise der Therapeutin zu Befindlichkeit oder Verhalten des Hundes aufzunehmen und dessen Bedürfnisse zu respektieren. Kontraindiziert ist die hundgestützte Arbeit durch die Bezugstherapeutin sicher bei einem Patienten mit manifester Hundephobie. Ein hundephobischer Patient wird daher einem anderen Bezugstherapeuten zugeordnet. Dies schließt eine Behandlung der Hundephobie in Kooperation mit der hundgestützt arbeitenden Kraft nicht aus, ist jedoch die Ausnahme.

Hundgestützte Therapie in der intensivtherapeutischen Phase - Interventionsansätze

Im Folgenden wird versucht, aus der Vielzahl der Literatur und daraus entspringender möglicher Wirkfaktoren, Einsatzmöglichkeiten und Funktionen tier- beziehungsweise hundgestützter Therapie exemplarisch einige zu benennen und ihre Bedeutung in der praktischen Arbeit mit Suchtpatienten zu verorten. Dabei ist spezifisch suchtbezogene Literatur und Forschung noch überschaubar. Vorhandenes stützt jedoch die Annahme, dass adjuvante hundgestützte Therapie im genannten Setting eine gute Investition sein kann.

In ihrer Bachelorarbeit untersuchte C.C. Herbst unterstützt von Dr. R. Wohlfarth in 2016 das subjektive Erleben von Suchtpatienten bezüglich der Wirkung von Hunden während der Suchtrehabilitation. Dabei stellte sich heraus, dass die subjektiven Konzepte der Patienten über die Wirkungen eines Therapiebegleithundes weitgehend den in der Literatur diskutierten Wirkmechanismen entsprechen. Sie beschreiben subjektiv Wirkungen auf körperlicher, emotionaler und sozialer Ebene, die am Gelingen einer Drogenrehabilitation erheblichen Anteil haben können. Genannt seien an dieser Stelle nur beispielhaft die Erleichterung des Kontaktaufbaus zur Therapeutin, die Steigerung des Selbstwertgefühls oder die beruhigende Wirkung.

Bezogen auf den Einsatz im stationären Drogenentzug untersuchte Urban (Urban et al. 2015) unmittelbare Effekte eines Therapiebegleithundes auf die emotionale Befindlichkeit der Patienten und das subjektive Craving. Im Verhältnis zur Kontrollgruppe ohne hundgestützten Einsatz wurden signifikant stärkere prä- / post-Veränderungen in Bezug auf die emotionale Befindlichkeit und das Erregungsniveau (Urban et al. 2015) festgestellt.

Bereits 2007 untersuchte der Amerikaner Martin Wesley die Auswirkungen hundgestützter Therapie auf die therapeutische Allianz im Rahmen stationärer Suchttherapie im gruppentherapeutischen Kontext. Seine Arbeit bestätigte, dass die therapeutische Allianz durch den hundgestützten Einsatz gestärkt und Stressfaktoren in der Gruppentherapie vermindert werden konnten (Wesley, 2007).

Auch Uhlmann et al. bestätigten in ihrer Pilotstudie (Uhlmann et al. 2019) zahlreiche positive Effekte einer hundgestützten Intervention in der stationären psychiatrischen Suchtbehandlung. Die Studie verwies ebenfalls auf positive Veränderung suchtpathologischen Verhaltens beispielsweise beim Umgang mit Suchtdruck. Weitere hochsignifikante Effekte im Verhältnis zur Kontrollgruppe ergaben sich bezüglich der Reduktion sozialer Spannungen und dem Erleben von Freude und Leichtigkeit.

In den Arbeiten von Urban et al., Uhlmann et al. und Contalbrigo et al (Contalbrigo et al. 2017) wurde die Auswirkung hundgestützter Therapie auf das jeweils erlebte Maß an Craving berücksichtigt. Diese bestätigten sämtlich eine craving-reduzierende Wirkung.

Die Studie von Wesley berücksichtigt Craving nicht gesondert, verweist jedoch auf eine signifikante Reduktion des Stresslevels durch die hundgestützte Therapie. Es darf vermutet werden, dass ein geringerer Stresslevel ebenfalls mit einem geringeren Maß an Craving verbunden ist.

Sowohl in der suchtbezogenen als auch in der weniger spezifizierten Literatur wird als Effekt tiergestützter Arbeit oft die Ablenkung erwähnt (vgl. z.B. Urban et al. 2015, Herbst & Wohlfarth 2016 oder Rieping & Zielke-Nadkarni 2016). In ihrer Bedeutung ausgeführt wird dieser Aspekt kaum. Bezüglich der noch folgenden indikativen Überlegungen scheint dieser Aspekt jedoch von Relevanz.

Kernthemen einer Suchtbehandlung

In nahezu jeder Drogentherapie erweisen sich, neben den individuellen Problemlagen des jeweiligen Patienten, bestimmte Aspekte als zentrale und wiederkehrende Behandlungsthemen. Diese werden benannt und kurz skizziert. Die Verfasserin versteht diese als Kernthemen der therapeutischen Arbeit mit Abhängigen illegaler Substanzen. Sie bestimmen den therapeutischen Alltag einer Einrichtung in erheblichem Maß. Der Umgang mit ihnen bildet eine Querschnittsaufgabe für alle Beteiligten über den gesamten Therapieverlauf. Die aufgeführten Aspekte erheben keinen Anspruch auf Vollständigkeit. Sie wurden subjektiv nach Bedeutung und Ausmaß ihres Einflusses auf den Therapieverlauf eingeschätzt und ausgewählt. Es handelt sich hierbei auch nicht um klar abgrenzbare Phänomene. Vielmehr überschneiden sich sämtliche Aspekte inhaltlich und wirken in vielfältiger Weise aufeinander, auf das Klima innerhalb der Einrichtung und auf die Beziehungsgestaltung zu Mitpatienten und Personal ein. Entsprechend relevant sind sie daher, um sie auf tiergestützte psychotherapeutische Ansatzpunkte hin zu überprüfen. Denn: Jedes einzelne Phänomen für sich ist bei extremer Ausprägung geeignet, zum Behandlungsabbruch oder einer disziplinarischen Entlassung zu führen und damit die Therapie scheitern zu lassen.

Stress

Eine Voraussetzung für die Aufnahme des Patienten in die stationäre Drogentherapie ist eine vorangegangene Entgiftung. Die Entgiftung verursacht in der Regel unangenehme psychische und/oder körperliche Entzugssymptome. Als häufige psychische Entzugssymptome seien hier genannt Depression, Angst, Ruhelosigkeit, Gereiztheit und verringerte Konzentrations- und Gedächtnisleistungen. Manche Symptome können Wochen und Monate anhalten und bestehen folglich bei Aufnahme in die stationäre Therapie in unterschiedlichem Ausmaß. Zeitgleich erfolgt mit der Aufnahme ein radikaler Umbau des Alltags des Abhängigen. Bestand bis gerade nicht einmal mehr ein Tag-Nacht-Rhythmus, so ist der Patient nun eingebunden in einen straffen Zeitplan und allerlei Anforderungen. Der Tag beginnt um 7:00 Uhr mit Frühsport, ist straff strukturiert mit verpflichtenden therapeutischen Angeboten und endet nach ausgewählten Freizeitbeschäftigungen mit der Bettruhe um 22.30 Uhr. Hinzu kommt das ungewohnte Zusammenleben mit zahlreichen anderen Menschen, sozialer Rückzug ist nicht gewollt und kaum möglich. Auch nach der Eingewöhnungszeit und dem Abklingen von Entzugssymptomen bleibt ein Maß an Stress bestehen, speist sich jedoch nun eher aus dem weiter engen zeitlichen Rahmen, sozialen Konflikten innerhalb der Hausgemeinschaft und individuellen therapeutischen Themen, die nun nach und nach Raum einnehmen. Stress fördert Craving.[16]

Interventionsansatz:

Die stressreduzierende und spannungsmindernde Wirkung von Kontakten mit einem Hund sind in der Literatur vielfach beschrieben. So zeigte die Untersuchung von Hediger (Hediger, 2012) dass in einer Stresssituation bei Anwesenheit von Hunden die physiologischen In-

16 *Vgl. Ärzteblatt 2015 „... die Cortisolspiegel von Opiatabhängigen sind im Entzug stark erhöht. Stress wiederum fördert das Craving."*

dikatoren von Stress weniger stark ansteigen. Dies gilt ganz besonders für Menschen mit Bindungsstörungen, denen der Umgang mit anderen Menschen eher schwerfällt. Insbesondere das Sprechen mit und das Berühren des Hundes kann die Stressreduktion und Spannungsminderung unterstützen.

Impulse für die Praxis

Stress

- Berühren
- Bürsten
- Fühlen
- Atemübungen mit dem Hund
- Bewegungsspiel
- im Freien arbeiten
- Spaziergang
- ...

Die Sache mit dem Kontakt

Dass der direkte physische Kontakt von Patient und Hund vielfältige positive Wirkungen auf den Patienten haben kann, ist hinreichend belegt. Das reicht von der Verringerung der Atemfrequenz und des Pulses bis zur Ausschüttung von Oxytocin und damit der Reduktion von Stress. Andersherum ist das mitnichten der Fall. Der Hund kann zwar ebenso Oxytocin ausschütten bei Berührung, dies jedoch nur, wenn die berührende Person ihm nahesteht.
Wenn also bei den Impulsen für die Praxis von Körperkontakt, taktilen oder haptischen Wahrnehmungsübungen, Streicheln oder

gar Fellpflege die Rede ist, dann nur unter der Voraussetzung, dass dieser Kontakt für beide als wohltuend, angemessen und angenehm erlebt wird. Beidseitige Freiwilligkeit und die Möglichkeit jederzeit aus dem Kontakt herauszugehen, sich zurückzuziehen beziehungsweise die Distanz passender zu wählen, ist hierfür unabdingbar. Dies betrifft nebenbei bemerkt auch alle sonstigen gemeinsamen Aktivitäten.

Um es etwas provokativ zu sagen: Auch der großartigste Therapiebegleithund muss sich nicht anfassen lassen! Wird ein Hund eingesetzt, dem es schwerfällt, eigeninitiativ aus dem Kontakt herauszugehen, obwohl er sich, zumindest für die Therapeutin sichtbar, nicht mehr wohl fühlt, muss ihm aus der Situation herausgeholfen werden. Dies ist gar nicht so selten der Fall, gerade bei Hunden mit viel sogenanntem „will to please". Ein transparentes Thematisieren dieser Situation ist sinnvoll.

Die gebotene Sensibilität und Achtsamkeit gerade im Hinblick auf physischen Kontakt dient dabei nicht nur dem Schutz des Hundes. Für Patienten ist der achtsame Umgang, gerade mit physischer Nähe in der Regel ebenfalls von großer Bedeutung. Jemand, der in der Vergangenheit Übergriffe erlebt hat, darf erfahren, dass es legitim ist, Nähe abzulehnen und sich gegen ungewollten Kontakt abzugrenzen. Jemand, der in der Vergangenheit andere physisch verletzt hat, darf erfahren, dass Grenzüberschreitungen dieser Art nicht hinnehmbar sind und lernen, Grenzen anderer zu spüren und zu respektieren. Jemand, der viele Beziehungsabbrüche erlebt hat und Angst vor Zurückweisung hat, darf erleben, dass eine Distanzierung nicht gleichbedeutend ist mit der Ablehnung seiner Person ...

Die Nähe, die ein Hund zu einem Patienten zulässt, variiert nicht nur von Patient zu Patient. Sie kann sich auch im Laufe einer Behandlung eines Patienten deutlich verändern, je nachdem, wie die Beziehung von Patient und Hund sich entwickelt. Auch hier kann ein gelegentlicher gemeinsamer Blick auf diesen Entwicklungsweg therapeutisch eingebunden werden.

Ambivalenz

Ambivalenz ist ein definierendes Merkmal jeder Sucht. Der Begriff leitet sich ab vom lateinischen „ambo" beide und „valere" gelten und beschreibt einen Zustand psychischer Zerrissenheit, sich widersprechender Wünsche, Gefühle und Gedanken. Deren gleichzeitiges Vorhandensein führt zu Zwiespältigkeit und erheblichen inneren Spannungszuständen. Als Folge einer ambivalenten Denkstruktur und/oder Gefühlslage können Entscheidungs- und Handlungsfähigkeit vermindert sein oder sogar vollständig zum Erliegen kommen. Ambivalenz ist jedem Süchtigen ein ständiger Begleiter. Dabei geht es nicht nur um die grundlegende Ambivalenz bezogen auf den Suchtmittelkonsum und dem Wissen um seine Folgen. Sie zeigt sich auch in zahlreichen Alltagssituationen von Aufstehen versus Liegenbleiben bis Wegsehen versus Aufdecken von Regelverstößen und so weiter. Üblicherweise gewinnt dabei das kurzfristige Verlangen über die Erwägungen zukünftiger Konsequenzen. Passiert das während der Therapie, so wird ein regulärer Therapieabschluss immer weniger wahrscheinlich, denn Regelverstöße, Therapieabbrüche und Rückfälle wären die Folge. Der ambivalente Zustand muss also als Spannungszustand wahrgenommen, ausgehalten und überstanden werden, ein ums andere Mal. Damit das gelingen kann, ist die Aufmerksamkeit und Anstrengung aller, des Patienten selbst, seiner Mitpatienten und des therapeutischen Personals erheblich gefordert. Bestehendes und stetig wiederkehrendes Craving, also Drogenverlangen, erschwert diese Anstrengung noch.

Interventionsansatz:

Um die Ambivalenz zwischen Veränderungsmotivation und süchtigen Verhaltensweisen grundlegend und längerfristig zu reduzieren, ist die Stärkung der Abstinenzzuversicht maßgeblich. Die Vorstellung, ein künftiges Leben ohne Rückgriff auf Suchtmittel bewältigen zu können, hängt unmittelbar mit dem Erleben von Selbstwirksamkeit zusammen. Dass die Arbeit mit einem Hund hier effektiv sein kann, belegt auch die Pilotstudie von Uhlmann et al: *„Vor allem nennen sie (die Patienten An. d. Verf.) bei Anwesenheit des Hundes mehr Vertrauen in die Zukunft."* (Uhlmann et al. 2019). Selbstwirksamkeit wird durch Erfolgserfahrungen unterstützt. Durch die Interaktion mit dem Hund können neue Fähigkeiten erlebt und in das eigene Verhaltensrepertoire aufgenommen werden.

Impulse für die Praxis

Ambivalenz

- Anbieten von Aufgaben mit oder für den Hund
- Kommunikation verbal und nonverbal, um gemeinsame Aufgabe zu lösen
- Anleitung des Hundes bei Suchspiel,
- Gemeinsames Suchspiel
- Lenken des Hundes durch Blicke
- Versorgung des Hundes
- Erkennen von Ambivalenz beim Hund, Beobachten seiner Lösungsansätze
- ...

Szene: Selbstwirksamkeit

Roman 24J. aus gutsituierter Familie, geringes Selbstwertgefühl, erhöhte Kränkbarkeit, fehlendes Abgrenzungsvermögen. Konsumbeginn mit 16J. politoxikoman, Schwerpunkt Stimulanzien, Hauptkonsum Kokain.

Auf dem Weg vom Einzel zum Essen: Roman, beschwert sich, es nähme ihn keiner ernst und niemand würde ihm zuhören in der abendlichen Tagesreflexion. Eine Gruppe Patienten steht noch auf der Terrasse vor dem Speisesaal. Roman zeigt auf Pierre, einen etwas älteren und allseits respektierten Mitpatienten und klagt: „Ihm hören immer alle zu!" „Warum hören ihm alle zu? Wie macht er das?" „Keine Ahnung!" „Lass mal sehen..." Ich rufe Pierre zu, ob er mal das Spielzeug für Basso werfen könnte und werfe dem älteren Patienten das Spielzeug unvermittelt zu. Pierre fängt souverän und wirft. Basso apportiert exakt, ohne zwischendurch zu schnüffeln oder zu markieren und gibt das Spielzeug sauber an Pierre zurück. Ich kommentiere zu Roman: „Stimmt, Basso hört ihm auch zu". Roman: „Wie hat er das gemacht? Darf ich auch mal?" Während die Gruppe sich in den Speisesaal begibt und ich mich zum Outdoor-Essplatz des Teams, beginnt Roman mit Basso Apportieren zu üben. Von meinem Platz aus habe ich einen guten Blick zur etwas entfernten Wiese. Zunächst läuft Basso zwar nach dem Spielzeug, nimmt sich für den Rückweg jedoch Zeit, läuft etwas hin und her und schnüffelt gelegentlich. Roman wirft immer wieder und versucht sehr konzentriert herauszufinden, wie er werfen muss, damit Basso schnell und in gerader Linie apportiert und sauber abgibt. Tatsächlich schafft er es, Richtung, Dynamik, Blick, Haltung, Körperspannung und Fokus so in Einklang zu bringen, dass der Hund nach einigen Würfen sauber apportiert. Roman bringt mir zufrieden Hund und Spielzeug und geht selbst essen.

Widerstand oder das Ringen um Mitwirkungsbereitschaft

Je nach Persönlichkeitsakzentuierung, Vorerfahrungen und Therapieverlauf kann das enge Setting einer Suchteinrichtung, die Teilnahme an Gruppen und/oder die einzeltherapeutische Arbeit als sehr kränkend erlebt werden. Aspekte dieser Kränkung können die Notwendigkeit sein, sich einer Behandlung unterziehen zu müssen. Bei anderen ist es die Auseinandersetzung mit einem Therapeuten oder einer Therapeutin, die nicht selbst betroffen ist oder die Anwesenheit anderer Abhängiger, die entweder bereits deutlichere Folgeschäden aufweisen oder aber in ihrer Therapie deutlich fortgeschrittener sind. Manche Patienten erleben sich gegenüber dem Therapeuten oder der Therapeutin oder gegenüber der Gruppe als hilflos und verletzlich. Es ist ihnen in diesem Rahmen nicht möglich Vertrauen aufzubauen oder sich der Gruppe zu öffnen.

Ein erheblicher Teil der Suchtpatienten hat sich zudem in der Vergangenheit üblichen Lebensanforderungen, beginnend mit regelmäßigem Schulbesuch und nicht endend mit Haushaltstätigkeiten, behördlichen Erfordernissen, Broterwerb und weiteres über den Konsum selbst und dessen Begleitumstände anhaltend, entzogen. Im Therapiealltag werden sie jedoch Tag für Tag und in allen Belangen gefordert. Die Übernahme von Verantwortung für das eigene Verhalten, für die Mitpatienten und die Abläufe im Therapiealltag wird nun bewusst erwartet, thematisiert und schrittweise gesteigert. Sie ist eine Voraussetzung für die gelingende Therapie selbst und für eine künftige Abstinenz. Eine der netteren Formen dieses oft grundlegenden und wiederholt auftauchenden Widerstands zeigt sich in dem häufig zu hörenden Satz: „Ich will aber nicht erwachsen werden!".

Interventionsansatz:

Um das „sich Wehren" gegen das Setting und dessen Repräsentantinnen entbehrlich zu machen, bedarf es des Aufbaus einer tragfähigen und vertrauensvollen Arbeitsbeziehung zur Therapeutin und ferner des Aufbaus weiterer positiver Kontakte zu Mitpatienten. Dass der Hund den Beziehungsaufbau zur Therapeutin deutlich unterstützen und signifikant verkürzen kann, hat beispielsweise Wesley (Wesley, 2007) gezeigt. Auch zur Steigerung der Mitwirkungsbereitschaft und insgesamt zur Behandlungsmotivation kann der Hund entscheidend beitragen (vgl. beispielhaft Urban u. Kremer 2021 oder Seitz 2017). Mit wachsender Mitwirkungsbereitschaft geht auch die Bereitschaft zur schrittweisen Übernahme von Verantwortung einher. Das Erleben von Spaß und Leichtigkeit kann ebenfalls für eine situative Auflösung von Widerstand sorgen.

Impulse für die Praxis

Widerstand oder das Ringen um Mitwirkungsbereitschaft

- Mit dem Hund spielen
- Ideen vom Patienten entwickeln lassen
- Im Freien arbeiten
- Spaziergang
- Auf Risiken für den Hund (Straße, Aufnahme von Fressbarem, Hitze ...) aufmerksam machen
- Den Hund durch den Patienten zu etwas motivieren lassen
- ...

Delinquenz

Betrachten wir den Begriff der Delinquenz[17] in einer erweiterten Form so wird unweigerlich deutlich, dass ein Abhängiger von *illegalen* Drogen quasi natürlicherweise delinquent sein muss. Darüber hinaus zeigen sich in der Behandlung dieser Klientel umfassende Schwierigkeiten im Umgang mit sozialen Normen, Regeln (auch und insbesondere denen einer Suchteinrichtung) und Grenzen aller Art, einschließlich der eigenen. Hinterfragt man innerhalb der Therapie die oftmals präsentierte Geschichte des Patienten, dass er zunächst eine Abhängigkeit entwickelt habe und erst dann und daher kriminell geworden sei, so zeigt sich in einer beträchtlichen Zahl der Fälle, dass die Verletzung von Grenzen und das Umgehen von geltenden Regeln bereits sehr früh in der Kindheit aufgetreten sind. Es zeigte sich dann beispielsweise in Form von Schule schwänzen, kleinen Diebstählen, entweichen, Verbotenes tun ... Es ist daher durchaus zulässig, die vorhandenen Phänomene als delinquenten Lebensstil zu verstehen.[18] Lügen, tricksen und das Etablieren von „Doppelstrukturen" (den Therapeuten präsentiere ich etwas anderes als gegenüber meinen süchtigen Mitpatienten in der Freizeit) sind kontinuierlicher Ausdruck dessen. Um die Behandlung des Patienten zu sichern, die Einrichtung drogenfrei zu halten, einen regulären Therapieablauf und die Sicherheit von Mitpatienten und Personal zu gewährleisten, ist dieses Thema vom ersten bis

17 *Zum Begriff der Delinquenz existieren unzählige Definitionen und Definitionsversuche, die erheblich differieren, je nachdem ob der Definitionsversuch aus kriminologischer, pädagogischer, psychologischer, soziologischer, juristischer Sicht unternommen wird. Hier wird er in einer erweiterten Form in Anlehnung an den Begriff „abweichendes Verhalten" benutzt und geht damit weit über den juristischen Begriff Kriminalität hinaus. Vgl. dazu beispielhaft http://www.stangl.eu/psychologie/definition/Delinquenz.shtml*

18 *Siehe auch (Kriminologische Zentralstelle e.V., 1999) „Die Expertise zeigt, dass Delinquenz und Sucht, Drogenkarriere und kriminelle Karriere nicht in einem erkennbaren kausalen Zusammenhang stehen, sondern vielmehr aus einem insgesamt als deviant zu bezeichnenden, von den sozialen Normen und Werten abweichenden Lebensstil erwachsen."*

zum letzten Therapietag in allen therapeutischen Angeboten und im häuslichen Zusammenleben der Patienten zentral im Fokus.

Interventionsansatz:

Das Erleben von Kongruenz bezüglich Sprache, Handeln und Körpersprache über die Kommunikation der Therapeutin und über die Ausdrucksweise des Hundes bietet ein wichtiges Modell beim Entwickeln einer authentischen Kommunikation. Im nonverbalen tierischen Kontakt können Patienten eine unverfälschte, unmittelbare Reaktion auf das eigene Verhalten erfahren, dessen Auswirkungen erleben und diese reflektieren (vgl. Urban u. Kremer 2021 oder Ganser 2021). Im Umgang mit dem Hund können Regeln und Grenzen als sinnhaft erkannt und in ihrer Schutzfunktion begriffen werden.

Zu Regeln im Umgang mit dem Hund:

Vielfach wird in der Literatur auf die Vereinbarung von Regeln im Umgang mit dem Hund hingewiesen und deren Notwendigkeit betont. Im hier zugrundeliegenden Setting wären diese einige unter unzähligen Regeln, deren Beachtung wie beschrieben unmittelbar von der Einsicht, der Merkfähigkeit und dem individuellen Umgang mit Regeln des jeweiligen Patienten abhinge. Therapeutisch profitabler scheint es jedoch, diese „Regeln" jeweils direkt aus der jeweiligen Interaktion der Therapeutin oder des Patienten mit dem Hund abzuleiten und entsprechend mit den relevanten Behandlungszielen und Themen des Patienten in Beziehung zu setzen.

Impulse für die Praxis

Delinquenz

- Gemeinsames Beobachten oder Aufgreifen der Reaktion des Hundes auf Absicht oder Interaktion des Patienten
- Beschreibenlassen des Verhaltens des Hundes im Umgang mit Regeln, deren Befolgung oder dem Versuch diese zu umgehen
- Verantwortung für den Hund übernehmen lassen oder Verantwortung vorleben
- Patient sich angemessen gegenüber dem Hund abgrenzen lassen
- ...

Impulsivität

Impulsivität beschreibt die Tendenz zu schnellen, ungeplanten Reaktionen auf internale oder externale Reize ohne Berücksichtigung der Konsequenzen für sich und andere. Die ihnen eigene Neigung zu impulsivem Verhalten beschreiben viele Patienten selbst und sie bestimmt als beobachtbares und häufig gezeigtes Verhalten die Dynamik des Therapiealltags maßgeblich. Studien weisen darauf hin, dass Impulsivität bei einer Abhängigkeit erhöht ist und dieser neurobiologische Veränderungen zugrunde liegen. Hier wird angenommen, dass die Regulation von Emotionen im Rahmen einer Substanzabhängigkeit vermehrt über das impulsive System stattfindet. Gezeigt werden konnte, dass defizitäre Emotionsregulationskompetenzen mit geringerer Impulskontrolle einhergehen (Reichl, 2021). Auffallend bei vielen Patienten ist auch eine geringe Frustrationstoleranz. Alles soll jetzt und sofort passieren. Bedürfnisaufschub ist schwierig. Die bekannte Korrelation zwischen geringer Frustrationstoleranz und Aggression kann den Therapieverlauf genauso gefährden wie Deprimiertheit oder Resignation, die ebenfalls Folgen einer geringen Frustrationstoleranz sein können.

Interventionsansatz:

Ein möglicher Ansatz, um diese automatisierten Prozesse zu durchbrechen, eine effektive Emotionsregulation zu unterstützen und impulsive Verhaltensweisen zu reduzieren, liegt in der Förderung von Achtsamkeit. Achtsames Verhalten wird als antagonistisch zu impulsivem, automatisiertem Verhalten verstanden. Die Anwesenheit eines lebendigen Tieres erleichtert eine Aufmerksamkeitslenkung ins Hier und Jetzt (vgl. Prothmann 2008). Im Umgang mit dem Hund sind zudem viele Patienten motiviert, ihre Impulse zu kontrollieren, um ihn nicht zur Distanzierung zu veranlassen und den Kontakt zu ihm zu halten.

Impulse für die Praxis

Impulsivität

- Beobachtungsaufgaben (visuell, haptisch, auditiv)
- semantische Repräsentationen finden über Zustandsbeschreibungen
- Fragen
- Distanzierung (emotional und räumlich)
- Hund als Modell im Umgang mit Frustration oder Impulskontrolle beobachten
- unterschiedliche Reaktionen des Hundes auf Stimmungsschwankungen des Patienten thematisieren
- ...

Komorbide Störungen

Neben der Abhängigkeitsdiagnose sind rund 50 % der zu behandelnden Patienten von mindestens einer weiteren psychischen Erkrankung betroffen, davon über 12 % von mindestens zwei weiteren F-Diagnosen. 5% der Patienten besitzen drei bis fünf weitere Diagnosen psychischer Erkrankung (vgl. Basisdokumentation Fachverband Sucht 2019). Je nach Profil der jeweiligen Klinik können komorbide Störungen auch beträchtlich häufiger auftreten. Bestimmte psychische Erkrankungen fallen im Kontext einer Drogenrehabilitation besonders ins Auge. Dazu gehören die Persönlichkeitsstörungen, Depression und Angststörungen, insbesondere die soziale Phobie. Traumafolgestörungen und AD(H)S treten ebenfalls häufig auf. Komorbide Störungen haben entscheidenden Einfluss auf den Behandlungsverlauf und auf die Art des Therapieabschlusses.[19]

Persönlichkeitsstörungen

Unter Persönlichkeitsstörungen bezeichnet man tief verwurzelte, anhaltende Verhaltensmuster, die sich in starren Reaktionen auf ganz unterschiedliche persönliche und soziale Lebenslagen zeigen. Sie können, im Verhältnis zur Mehrheit der Bevölkerung, als extreme Ausprägung eines Persönlichkeitsstils betrachtet werden. Dieser kann die Lebensqualität des Betroffenen beeinträchtigen, zu Leid oder subjektivem Leid oder zu häufigen Konflikten mit der Umwelt führen. Abweichende, unangepasste Erlebensweisen, Erfahrungs- und Verhaltensmuster schränken dabei den Betroffenen in seiner Zufriedenheit und

19 *Laut Basisdokumentation des Fachverbandes Sucht schlossen in 2019 41,8 % aller Patienten die stationäre Drogenrehabilitation regulär ab, jedoch nur 35,5 % der Patienten mit einer Persönlichkeitsstörung. 6,7 % der Patienten ohne weitere Diagnose wurden im gleichen Jahr disziplinarisch entlassen, jedoch 9,7 % der Patienten mit einer Persönlichkeitsstörung.*

im Erreichen seiner persönlichen Ziele ein oder führen zu häufigen Problemen mit anderen Menschen oder der Gesellschaft.

Von den in ICD 10 F60 und in DSM IV klassifizierten Persönlichkeitsstörungen zeigen sich in der stationären Drogenrehabilitation einige besonders häufig. Bezüglich der präzisen Häufigkeit existieren unterschiedliche Zahlen. Unstrittig scheint zu sein, dass die in Cluster B, des DSM zusammengefassten Persönlichkeitsstörungen signifikant häufig im Rahmen der Behandlung Drogenabhängiger auftauchen. Im Vordergrund stehen die narzisstische Persönlichkeitsstörung (DSM IV), die dissoziale Persönlichkeitsstörung F60.2 und die emotional instabile Persönlichkeitsstörung in beiden Ausprägungen F60.30 und F60.31. Zu diesem Cluster gehört auch die histrionische Persönlichkeitsstörung, die aus der Erfahrung der Verfasserin zumindest in deren Arbeitskontext keine relevante Rolle gespielt hat.

Die dissoziale und die narzisstische Persönlichkeitsstörung bieten trotz der Häufigkeit ihres Auftretens wenig Anlass zur hundgestützten Ergänzung der Behandlung. Da Persönlichkeitsstörungen an sich durch die tiefe Verwurzelung und Starrheit der mit ihr verbundenen Verhaltens- und Reaktionsweisen definiert sind, kann davon ausgegangen werden, dass über den gesamten Behandlungsverlauf diesbezüglich methodenunabhängig nur bescheidene Fortschritte zu erzielen sind. Hier scheint das bereits vorhandene Behandlungsrepertoire umfassender und effektiver. Insbesondere bei der narzisstischen Persönlichkeitsstörung besteht daneben die Gefahr, dass der betroffene Patient die Arbeit mit oder die Begleitung durch den Hund zur Selbstdarstellung und Selbstaufwertung nutzt.

Etwas anders stellt sich die Situation bei der emotional instabilen Persönlichkeitsstörung dar. Die mit der Störung verbundene Symptomatik wie Stimmungsschwankungen, Impulsivität, Spannungs- und

Unruhezustände, Gefühle von innerer Leere, bietet situativ durchaus Interventionsansätze für die hundgestützte Arbeit, insbesondere zur Stabilisierung (vgl. Ganser 2017). Der Einsatz des Hundes sollte sorgfältig erwogen und aufmerksam begleitet werden, um den Hund vor übermäßiger Spannung und plötzlichen, grenzüberschreitenden Annäherungen (umarmen und drücken des Hundes, daneben / darauf fallen lassen um zu „kuscheln“...) zu schützen.

Eine Persönlichkeitsstörung an sich, unabhängig von der jeweiligen Art der Persönlichkeitsstörung, bietet, bezogen auf das hier zugrundeliegende Setting, alleine keine Indikation für einen hundgestützten Einsatz. Situativ kann die hundgestützte Intervention sinnvoll sein.

Szene: Impulskontrolle bei dissozialer Grundhaltung

Sascha 26, Vater zweier Kinder, Russlanddeutscher, Vater schwer kriegstraumatisiert alkoholabhängig und gewalttätig, Mutter beschreibt Sascha schon früh als „Monsterbaby", hat als Kind Tiere gequält, dissoziale Haltung, in mafiösen Strukturen, hafterfahren, aggressive Impulsdurchbrüche, Stimmungsschwankungen. Konsumbeginn mit 6 Jahren, politoxikoman einschließlich Opiaten.

Walk and Talk draußen, Begleitung durch Basso. Sascha beschreibt, dass er kurz vor körperlichem Übergriff auf andere „Tunnelblick" kriege, dann ausraste, erst wieder zu sich komme, wenn er abgeführt würde und sein Gegenüber im Krankenwagen davonführe. Er begründet damit, dass er keine Wahl oder Einwirkung auf sein Verhalten habe. Beginne mehrfach und schnell hintereinander dem apportierbegeisterten Basso sein Spielzeug zu werfen. Basso rennt und bringt schnell, ist begeistert. Fordere ihn dann zu „Platz" und „Bleib" auf. Der Hund, nun liegend, zeigt deutlich, dass er den nächsten Wurf erwartet, vibriert quasi vor Erwartung. Frage: „Was möchte Basso jetzt?" „Losrennen!". Ich werfe das Spielzeug, Hund bleibt liegen und wartet auf Freigabe. Freigabe kommt und Basso apportiert begeistert. Frage: „Warum ist er liegengeblieben, obwohl er losrennen wollte?" Sascha: „Weil du es ihm gesagt hast!" „Stimmt, aber er hätte ja trotzdem laufen können ..." Sascha: „Stimmt!" (nachdenklich). Deutung: „Ich glaube er hat eine Entscheidung getroffen ... zwischen dem, was er wollte und eventuellem Ärger mit mir ...?" Sascha: „Stimmt!", Frage: „Die Beziehung zu mir war ihm also wichtiger als das Rennen?" Sascha: „Mhm" Frage: „Wenn also das kleine Hundehirn eine Entscheidung zugunsten seiner sozialen Beziehungen treffen kann, warum solltest du es nicht können?"...

Depression

Depression in ihren unterschiedlichen Ausprägungen[20] zeigt sich durch eine gedrückte Stimmungslage und eine Verminderung von Antrieb und Aktivität. Das Selbstwertgefühl ist beeinträchtigt. Viele Patienten leiden unter einem Interessensverlust und können kaum emotional auf Ereignisse oder Aktivitäten reagieren. Sie spüren keine Freude mehr. Die Betroffenen neigen dazu sich zurückzuziehen. Die soziale Isolation der Patienten ist Symptom und Symptomverstärker zugleich. Auch Rückfälle korrelieren mit unangenehmen Gefühlszuständen und sozialem Rückzugsverhalten (vgl. Uhlmann et al. 2019).

Interventionsansatz:

Die Pilotstudie von Contalbrigo et al. weist darauf hin, dass sich Depressionssymptomatik durch hundgestützte Arbeit insgesamt reduzieren lässt (Contalbrigo, 2017). Der hohe Aufforderungscharakter des Hundes kann den Kommunikationseinstieg erleichtern und sich auf Antrieb und Aktivierung günstig auswirken (vgl. das subjektive Erleben der Suchtpatienten in Herbst 2016). Sowohl Hund als auch Patient können umstandslos körperlichen Kontakt herstellen. Einem Bedürfnis nach körperlicher und emotionaler Nähe kann auf diese Weise nachgekommen werden (vgl. Uhlmann 2019). Spaß, Freude und Leichtigkeit werden durch die hundgestützte Arbeit leichter generiert (vgl. Uhlmann 2019, Herbst 2016).

20 In der Drogenrehabilitation haben wir es zumeist mit ICD 10 F32-F34 zu tun.

Impulse für die Praxis

Depression

- Spaziergang
- Streicheln
- Fellpflege
- freies Spiel
- Verstecken spielen im Wald
- draußen arbeiten
- einen weiteren Patienten mit einbeziehen
- ...

Soziale Phobie

Unter den Angststörungen ist im Rahmen einer Drogenrehabilitation am weitaus häufigsten die Soziale Phobie anzutreffen. Darüber hinaus sind Ängste in Verbindung mit weiteren Störungen, Situationen und Befindlichkeiten begleitend vorhanden, auch wenn sie nicht in Form einer gesonderten Diagnose kodiert werden. Mit dem Gefühl von Angst einher geht eine erhöhte Anspannung und innere Unruhe, in der Regel verbunden mit deutlichen körperlichen Symptomen wie Herzklopfen, Atemproblemen, Zittern, Schweißausbrüchen.

Interventionsansatz:

Die beruhigende Wirkung von Tieren ist eine der am besten untersuchten Wirkungen von Tieren auf Menschen (vgl. z.B. Julius et al. 2014 oder Berget et al. 2011). Dass dies auch für Abhängige gilt, darauf weisen die Arbeiten von Uhlmann et al 2019 und Urban et al. 2015 hin. Untersuchungen haben die stressreduzierende Wirkung auf das Herzkreislaufsystem, das hormonelle System und das subjektive Angst- und Stresserleben belegt. Eine vertrauensvolle Beziehung zur Therapeutin ist im Umgang mit Angstpatienten und insbesondere in der Konfrontation mit angstbesetzten Inhalten von besonderer Bedeutung. Die kontakterleichternde und vertrauensfördernde Wirkung (Lass-Hennemann, 2015) des Hundes ist hier gut platziert.

Impulse für die Praxis

Soziale Phobie

- Über den Hund sprechen
- eigene Hundeerfahrungen erzählen lassen
- Streicheln
- Körperkontakt mit Hund
- über Ängste des Hundes sprechen
- mit Hund in angstbesetzte Situationen begleiten
- Falls möglich und indiziert, Exposition mit Hund
- ...

Traumafolgestörungen

Ein gemeinsames Auftreten von traumatischen Erfahrungen und substanzbezogenen Störungen ist häufig. Empirisch zeigt sich, dass eine posttraumatische Belastungsstörung die Wahrscheinlichkeit für einen gestörten Substanzkonsum deutlich erhöht. Umgekehrt weisen Menschen mit einem gestörten Substanzgebrauch eine deutlich erhöhte Rate an PTBS auf (vgl. Potthast, 2012). Bei starken Ängsten oder Symptomen der posttraumatischen Belastungsstörung wie gesteigerter Erregbarkeit, wiederholtem Erleben des Traumas „Flashbacks", Vermeidung von Aktivitäten und weiteren wurde der Konsum von Drogen als kurzfristige Entlastung hilfreich erlebt. Diese Belastungen können mit der Abstinenz wieder verstärkt wahrgenommen werden.

Interventionsansatz:

Zwar monieren Bültmann und Sobottka (Bültmann, 2017), dass sich bisher wenige Ansätze und Studien mit einem tiergestützten Behandlungsverfahren bei PTBS auseinandersetzen, sehen jedoch nach Übersicht vorhandener Literatur und Studien Hinweise für den Nutzen adjuvanter tiergestützter Therapie in der Behandlung von Traumafolgestörungen. Dies wird verständlicher, wendet man sich einzelnen Symptomen zu. Der Effekt tiergestützter Therapie auf Angst und Depression, die beide häufig mit Traumafolgestörungen assoziiert sind, wurde bereits benannt und ist breit belegt. Bei phobischem Vermeiden von Aktivitäten und Situationen, die Erinnerungen an das Trauma wachrufen könnten, könnte der Kontakt zum Hund während der Vorstellung angstauslösender Situationen zur Spannungsminderung beitragen. Aufgrund der Fähigkeit, beruhigenden Effekt auch auf körperliche Parameter zu erzielen, könnte das Streicheln oder die Gesellschaft eines Therapiebegleithundes sich reduzierend auf bestehendes Hyperarousal auswirken. Gefühle von Betäubtsein und emotionaler

Stumpfheit oder Depersonalisations- und Derealisationserleben können durch die Kontaktaufnahme des Hundes zum Patienten durchbrochen und durch den hundgestützten Einsatz insgesamt reduziert werden (Maoz et al. 2019, Walter 2018). Durch die unbefangene Präsenz des Hundes und bedingungslose Akzeptanz durch den Hund können Gefühle von Schuld und Scham, wie sie regelmäßig vorhanden sind, zurücktreten und dadurch das therapeutische Verhältnis insgesamt entlastet werden.

Impulse für die Praxis

Traumafolgestörungen:

- Nicht bedrohliche Nähe über den Hund erfahren / zulassen / herstellen
- Kontaktaufnahme durch den Hund oder durch den Patienten (falls möglich) um Abgleiten in dissoziierten Zustand zu verhindern oder dissoziativen Zustand zu unterbrechen
- Fotos (Patient mit Hund, entspannter Hund ...) mitführen lassen, als Anker nutzen
- Hund in entspanntem Zustand beobachten
- versuchen Atemrhythmus anzugleichen
- Hund imitieren (Abschütteln von Spannung)
- Ablenken
- Nähe und Distanz-Übungen (Kontrollerleben)
- ...

AD(H)S

Substanzmissbrauch und das Aufmerksamkeitsdefizit-Hyperaktivitäts-Syndrom treten häufig zusammen auf. Das deutlich erhöhte Suchtrisiko von ADHS-Patienten wird auf eine fehlegeleitete Selbstmedikation zurückgeführt. Bisherige Erkenntnisse lassen vermuten, dass bei ADHS-Patienten das Belohnungssystem gestört ist. Psychotrope Substanzen stimulieren die bei ADHS minderaktiven Bereiche des Belohnungssystems und fördern die dopaminerge Neurotransmission. ADHS drückt sich aus durch Aufmerksamkeitsstörungen, verringerte Impulskontrolle, Reizoffenheit und Desorganisation. Die Patienten verfügen oft nur über ein geringes Selbstwertgefühl. Sie leiden unter Stimmungsschwankungen und Nervosität bei oft erhöhter Sprachproduktion. Begleitend sind häufig Ängste und depressive Verstimmungen vorhanden.

Interventionsansatz:

Patienten mit ADHS benötigen Unterstützung für ein geeignetes Stressmanagement mit einfachen Formen der Aufmerksamkeitslenkung und Impulskontrolle. Die Entwicklung von Entspannungsfähigkeiten und Strukturkompetenz unterstützen dabei, eine verbesserte Affektkontrolle zu erlangen. ADHS-Patienten blicken aufgrund ihres oft überschießenden und sozial unangemessenen Verhaltens in der Regel auf langjähriges Erleben von Scheitern, Ablehnung und Zurückweisung zurück, oft seit dem Schulalter. Die grundsätzliche Akzeptanz des Hundes verbunden mit der motivierenden Wirkung erleichtert den Kontakt und die gemeinsame Arbeit. Eine eventuell vorhandene übermäßige Sprachproduktion wird im direkten Kontakt zum Hund entbehrlich bis hinderlich und kann einfacher reduziert werden. Die Rücksichtnahme auf den Hund motiviert dazu, Lautstärke, Tempo, motorische Unruhe zu reduzieren und sich bewusster zu kontrollieren. Erfolgserlebnisse steigern Selbstwirksamkeitserleben.

Impulse für die Praxis

AD(H)S

- Wahrnehmung verschiedener sensorischer Qualitäten beim Körperkontakt zum Hund
- Wahrnehmen und Interpretieren von nonverbalen Signalen / Körpersprache
- Beobachten von Abgrenzungsverhalten des Hundes
- Wahrnehmung von Grenzen
- Wahrnehmungsübungen taktil, auditiv, visuell
- Anleiten des Hundes, dabei gewünschte Aktion z. B. Apportieren, zuvor in klare Einzelschritte unterteilen lassen: Auswahl Ort, sorgsames Führen zur richtigen Stelle, setzen, werfen und schicken, Apportel in die Handgeben lassen
- ...

Szene: <u>ADHS</u>

Mike, 19 Jahre, beide Eltern drogenabhängig. Seit fünftem Lebensjahr in Jugendhilfeeinrichtungen aufgewachsen. Frühe Misshandlungen oder andere traumatisierenden Erlebnisse nicht ausschließbar, bestimmte Zeiten werden nicht erinnert. Polytoxikoman seit 16. Lebensjahr, Schwerpunkte Alkohol, Cannabis, Amphetamine. Fünf Entzugsbehandlungen, bereits zwei Entwöhnungsbehandlungen gescheitert wegen Konsums einer Vielzahl verschiedener Substanzen und Körperverletzung gegenüber Mitpatienten. ADHS-Diagnose. Sehr impulsiv, gesteigerter Antrieb, oft hoher Erregungslevel, gesteigerter Rededrang, kaum Selbstberuhigungsstrategien, glaubt nicht an eigene Steuerungsfähigkeit.

Einzeltherapiesitzung im Büro der Bezugstherapeutin. Basso darf sich frei bewegen und platzieren und kann jederzeit seine geschützte Ecke aufsuchen. Er liegt selbstgewählt während des Gesprächs neben Mikes Stuhl, sehr nahe bei ihm. Mike liebt Basso und dessen Nähe. Mike spricht viel und lebhaft und bemerkt nicht, dass er währenddessen unablässig mit dem Fuß des übergeschlagenen Beines wippt. Genau über und sehr nahe an Bassos Kopf. Therapeutin bemerkt das, interveniert jedoch zunächst nicht. Basso ist geduldig, aber zunehmend genervt. Irgendwann knurrt Basso kurz. Mike schreckt auf und fragt entgeistert, was denn jetzt los sei. Ich mache ihn darauf aufmerksam, dass er Basso seit geraumer Weile mit seinem Zappelfuß am Kopf zu treffen droht und das gar nicht merkt. Mike ist betroffen. Er verändert seine Position genauso wenig wie Basso, schafft es jedoch erstmals für die restlichen 20 Minuten des Einzels seinen Fuß zu kontrollieren. Üblicherweise reagiert Mike auf subjektiv erlebte Kritik mit Aggression. Zwei Aspekte dieser Situation haben den Therapieverlauf von Mike positiv beeinflusst. Er hat verstanden, dass das Monieren seines Verhaltens durch Basso nicht gleichbedeutend ist mit einer Abwertung oder Kritik seiner Person und entsprechend auch nicht die Beziehung gefährdet. Basso ist nah bei ihm geblieben. Und: Er hat erstmals erfahren, dass er sich selbst kontrollieren und steuern kann. Das ist die Grundlage eines abstinenten und straffreien Lebens.[21]

21 *Anmerkung: Solche Situationen sind zunächst einmal weder planbar noch erstrebenswert. Die Situation war mit diesem Hund, vor dem Hintergrund des Vertrauensverhältnisses zwischen Therapeutin und Hund und auf Grundlage der bereits bestehenden Beziehung zwischen dem Patienten und dem Hund möglich.*

Relevante Phasen und Momente innerhalb der Intensivtherapie

Die Eingewöhnungsphase

Die Eingewöhnungsphase zu Beginn einer stationären Behandlung beinhaltet das grundlegende Zurechtfinden innerhalb der Einrichtung. Sie dauert bei der üblichen Standardtherapie etwa sechs Wochen. Es gilt deren Strukturen kennen zu lernen und eine tragfähige Behandlungsmotivation zu entwickeln. Innerhalb dieser Phase werden mit dem Patienten Behandlungsziele definiert und die individuelle Behandlungsplanung entwickelt. Die Eingewöhnungsphase ist zum Schutz des Patienten mit einem hohen Grad an Begrenzung verbunden. Ausgänge, Handyzugang, Besuche und weiteres sind in dieser Phase nicht oder nur sehr eingeschränkt möglich. Oft ist der Patient zu diesem Zeitpunkt noch etwas entzügig und entsprechend wenig stabil und belastbar. Die Konfrontation mit den vielen Menschen, Regeln und Abläufen wird von manchen Patienten regelrecht schockartig erlebt. Die Abbruchrate im Berichtsjahr 2019 betrug im Therapiezentrum 30%.[22] Der Löwenanteil der Therapieabbrüche erfolgt in der Eingewöhnungsphase.

22 *In 2019 haben dort 58% der Patienten die Behandlung regulär beendet. 42% der Patienten beendeten die Behandlung vorzeitig. Davon brachen 30 % die Behandlung ab, die verbleibenden 12 % der Behandlungen wurden durch die Einrichtung vorzeitig beendet. (Lüdeke 2020)*

Interventionsansatz:

Zu Beginn der Behandlung ist der Aufbau einer vertrauensvollen und tragfähigen therapeutischen Allianz von größter Bedeutung. Nahezu alle der vorgenannten Anlässe zum hundgestützten Einsatz können in der Eingewöhnungszeit vermehrt vorhanden sein. Dazu gehören Probleme zu kommunizieren und mit anderen in Kontakt zu kommen, negative Affektlagen ebenso wie Misstrauen, Ängste, Stress und Gefühle der Überforderung sowie die beschriebenen suchttypischen Kernthemen. Den Beziehungsaufbau zur Therapeutin mittels des Hundes zu beschleunigen und zu unterstützen kann helfen, Therapieabbrüchen aus Gefühlen der Überforderung zuvorzukommen. Insbesondere in dieser Phase kann es sinnvoll sein, gemeinsam mit dem Hund Gebäude und Gelände zum Spaziergang zu verlassen und damit dem Patienten etwas Abstand zu der struktur- und regelbedingten Enge der Einrichtung zu verschaffen. Auch beim Aufbau einer therapeutischen Beziehung kann es hilfreich sein, ein Setting in weniger formalem Rahmen zu gestalten.

Impulse für die Praxis

Eingewöhnungsphase

- Hund früh vorstellen
- Außengelände mit dem Hund entdecken
- Suchspiele
- Spaziergang
- Spiel, ins Gespräch kommen (eigene Hundeerfahrungen, viele Erzählungen über den Hund oder Hinweise zu seinem Verhalten inklusive dessen Deutung ...)
- „Dampf ablassen" durch Rennspiele, Apportierspiele
- ...

Die Abschlussphase

Gegen Ende der Intensivtherapie beschäftigt sich der Patient vermehrt mit Rückfallprophylaxe. Hierzu versucht er seine individuellen Rückfallrisiken so konkret wie möglich zu identifizieren. Das können bestimmte Beziehungen sein, bestimmte Orte, Angebotssituationen von illegalen Substanzen, noch vorhandene Kontaktdaten zu anderen Abhängigen oder Dealern, bestimmte Stimmungslagen oder belastende Situationen. Im Rahmen dieser Auseinandersetzung kann es durch entsprechende Erinnerungen vermehrt zu Craving kommen. Ebenfalls Inhalt der Abschlussphase ist es, die ursprünglich vereinbarten Behandlungsziele auf Zielerreichung zu überprüfen. Differierende Einschätzungen von Patienten und Team können Frustration verursachen. Gegebenenfalls kann es zu einer unerwarteten Verlängerung der Intensivtherapie kommen. Parallel setzt sich der Patient mit seiner künftigen Lebensführung auseinander. Geht er im Anschluss in die Adaptionsphase und wenn, dann an welchem Ort? Wird er in den Heimatort zurückkehren und damit in der Regel den meisten Rückfallrisiken ausgesetzt sein? Wird er an neuem Ort von vorne beginnen und sich dort zunächst fremd und isoliert fühlen? Wie wird er sich beruflich orientieren? Zu wem wird er den Kontakt aufrechterhalten, welche Kontakte wird er endgültig abbrechen? Mit diesen Überlegungen sind Unsicherheiten und Ängste verbunden. Naht der Entlasszeitpunkt, müssen liebgewonnene Weggefährten und ein inzwischen vertrauter Ort verlassen werden. Oft ist der Kontakt zum Bezugstherapeuten sehr intensiv geworden. Nun droht auch hier Beziehungsverlust, der womöglich alte Verluste aktualisiert. Manche Patienten neigen dazu, kurz vor Ende der intensivtherapeutischen Behandlung „den Schaden herzustellen". Sie zeigen sich rückläufig und beginnen Beziehungen zu beschädigen, um dem Verlustgefühl und Gefühlen von Trauer zu entgehen. Mit sorgsamer Begleitung gelingt es, die wirkenden Mechanismen gemeinsam sichtbar zu machen und einen angemessenen Abschied zu ermöglichen.

Interventionsansatz:

Der Abschluss der Intensivtherapie ist mit einem Wechselbad an Emotionen verbunden. In die Freude über die eigene Entwicklung und auf den nächsten Schritt, mischen sich Unsicherheiten, Ängste vor dem Verlassen des geschützten Raumes und damit verbundenen Risiken und Trauer- und Verlustgefühle. Der Hund fungiert hier als Tröster. Ihm darf man erzählen, wie schwer einem der Abschied von ihm (dem Hund) fällt und damit auch seinen Gefühlen gegenüber der Bezugstherapeutin Ausdruck verleihen. Er beruhigt und ist hilfreich dabei, den Patienten immer wieder ins Hier und Jetzt zu holen und damit zu stabilisieren.

Impulse für die Praxis

Abschlussphase

- Trennungsangst beim Hund thematisieren
- Gespräch darüber, dass der Hund eine vertraute Person nicht vergisst, auch wenn er sie lange nicht sieht...
- Abschiedseinzel: mit dem Hund nochmal an allen für die Therapie relevanten Orten vorbeispazieren (dort etwas Symbolisches für den Hund und / oder Patienten versteckt haben), sich erinnern an die relevante Situation.
- Abschiedsspaziergang mit dem Hund „übern Berg" (buchstäblich falls möglich), am höchsten Punkt gemeinsam rasten und in die Ferne sehen, „Aussicht in die Zukunft"
- zum Abschied Bild oder Bilder des Patienten mit dem Hund schenken (oder im Beutel versteckt vom Hund finden und bringen lassen)
- Kleines Bild (laminiert) für die Brieftasche als Anker bei Suchtdruck
- Gemeinsamer Abschiedsspaziergang mit Hund und Bezugsgruppe. Hund „findet" Beutel mit den Zukunftswünschen der anderen Patienten (Papierkärtchen). Im Kreis sitzen, Vorlesen
- ...

Akute Krisen

Krisen während der Intensivtherapie sind häufig. Kaum ein Patient durchläuft die Behandlung ohne Krise, bei manchen Patienten tauchen Krisen wiederholt auf. Anlässe für Krisen sind das Gefühl von Überforderung, das zahlreiche Ursachen sowohl im Therapiealltag (Konflikte, Kritik, Anforderungen...) als auch bedingt durch internale psychische Prozesse, haben kann. Die während der Behandlung vollzogene Trennung von wichtigen Bezugspersonen, Heimweh, Freiheitsdrang und andere können ebenfalls Krisen auslösen. Craving kann sowohl auslösend als auch flankierend eine wichtige Rolle bei Krisen spielen. Aus der Krise an sich wird oft die „Abbruchkrise", der Patient stellt die Behandlung in Frage und neigt in seinem emotionalen Zustand zur unzureichend überdachten Fluchtreaktion. In der akuten Krise gilt es, den Patienten effektiv zu entlasten, gravierende psychosoziale Folgen zu verhindern oder gering zu halten und seine Handlungs- und Entscheidungsfähigkeit wieder herzustellen. Dabei konzentriert sich die Intervention im Wesentlichen auf das Hier und Jetzt. Die Therapeutin fokussiert dabei auf den emotionalen und kognitiven Zustand. Das Gefühl verstanden und wertgeschätzt zu werden ist hierfür die Voraussetzung. Erst dann können konkrete Problemlösungsstrategien entwickelt und eigene Ressourcen wieder genutzt werden.

Interventionsansatz:

Krisen sind begleitet von Gefühlen von Angst, Hoffnungslosigkeit mit gegebenenfalls auch suizidalen Gedanken und großer innerer Spannung und Unruhe. Die Wirkung des Therapiebegleithundes bezüglich Angst- und Spannungsreduktion wurde bereits benannt. Ebenso sein Einfluss auf eine deprimierte Affektlage. Der Hund kann Trost spenden (vgl. Seitz et al. 2017 oder Urban et al. 2019), emotionale Unterstützung bieten (vgl. Lass-Hennemann et al. 2015) und daran mitwirken, dem Patienten dadurch aus der subjektiven Isolation herauszuhelfen. Durch seine Gegenwartsorientierung kann der Hund dazu beitragen, den Patienten aus der umfassenden Negativspirale heraus wieder ins Hier und Jetzt zu bringen.

Impulse für die Praxis

Krise

- Nähe zum Hund
- Streicheln
- Kontaktaufnahme durch den Hund
- Spaziergang beziehungsweise räumliche Distanzierung
- Walk and Talk
- ...

Use what you get

Wie bei den Impulsen für die Praxis beschrieben, ist es sinnvoll, das Setting, also beispielsweise die Entscheidung für ein Arbeiten im geschlossenen Raum oder Draußen, die Dynamik, also ruhiges Wahrnehmen oder bewegte Aktion, die Distanz zu bestimmten Räumlichkeiten oder zwischen Hund und Patient und so weiter, bewusst zu wählen. Und selbstverständlich geschieht dies im Hinblick auf das jeweils avisierte Ziel der jeweiligen Sequenz, also Ermutigung zur Mitteilung, Beruhigung des Patienten, Motivation zur Mitarbeit oder anderes.

Neben und zusätzlich zu all diesen Möglichkeiten ergeben sich jedoch spontan und ungeplant unbegrenzte Optionen, Äußerungen, Befindlichkeiten, Reaktionen sowohl des Patienten als auch des Therapiebegleithundes therapeutisch zu nutzen. Möchte man diesen Ansatz als Methode und oder Haltung bezeichnen, so würde er mit „Use what you get", „Nutze, was du bekommst" am treffendsten beschrieben sein.

Die Vorteile liegen auf der Hand. Die Therapeutin befindet sich damit immer genau bei dem, was an Themen des Patienten aktualisiert wird oder, bezugnehmend auf eine Verhaltensweise / Reaktion des Hundes, aktualisiert werden kann. Eine Befindlichkeit, eine Emotion, ein Verhaltensmuster kann in Echtzeit wahrgenommen, bewusst gemacht und gegebenenfalls auch modifiziert werden. Dadurch erhält die therapeutische Intervention ein Maximum an Authentizität. Der größte Wert dieser Art des Arbeitens liegt aus Sicht der Autorin jedoch darin, dass weder für den Patienten und schon gar nicht für den Hund synthetische Situationen hergestellt werden müssen, um relevante Prozesse zu initiieren. Weder Patient noch Hund „sollen" irgendetwas tun oder zu irgendetwas bewegt werden, um therapeutisch Relevantes bearbeitbar zu machen. Sie dürfen da sein, wie sie sind und zum Ausdruck bringen, was gerade ist. Ein kleines Beispiel soll versuchen, das zu verdeutlichen:

Situation: Begrüßung

A: Patient weicht vor stürmischem Hund zurück.

„Oh, war Ihnen das zu stürmisch/schnell?“

Potenziell aufkommende Fragen/Themen:

Erfahrungen mit Nähe und Distanz. Wer bestimmt diese, bestimmte diese bisher. Welche Möglichkeiten hat der Patient, die Situation so zu gestalten, dass er sich wohlfühlt und nicht zurückweichen muss.

Spielt Furcht eine Rolle? Wovor? Übergangen werden in seinen Bedürfnissen? Verletzt werden? Schmerzen zugefügt bekommen?

Spielt Vertrauen eine Rolle? Wie lässt sich das herstellen?

Gibt es ein Bedürfnis nach Unterstützung in dieser Situation? Wie könnte die aussehen. Wie sah es mit Unterstützung früher aus?

...

B: Hund weicht vor Anfassversuch des Patienten zurück

„Oh, das war ihm (dem Hund) wohl unangenehm“

Potenziell aufkommende Fragen/Themen:

Gefühle bei Zurückweisung. Nicht angenommen werden, Angst nicht gemocht werden, Gefühl abgelehnt zu werden, Aufkommen von Ärger?

Wunsch nach Kontakt wird nicht erwidert oder wird in dieser Form nicht erwidert. Was könnte Kontakt ermöglichen? Was bräuchte der Hund? Wie könnte beidseits gewünschte Kontaktaufnahme gestaltet werden? Ist Verweigern von Kontakt okay?

Konfrontation mit Abgrenzung: Hund steht für seine Bedürfnisse ein und macht nicht, was erwünscht ist. Hund als Modell? Wie sieht es mit den Abgrenzungsfähigkeiten des Patienten aus?

Grenzüberschreitung: Gefühl für die Grenzen anderer?

...

Auf diese Weise lässt sich praktisch jede Lebensäußerung des Patienten oder des Hundes therapeutisch nutzen. Begrenzt wird diese Art des Arbeitens lediglich durch zu diesem Zeitpunkt vordringlichere Themen beziehungsweise die Orientierung an einem „roten Faden" für die jeweilige zeitliche Sequenz und die Zieleplanung insgesamt. „Use what you get" stellt hohe Anforderungen an die Flexibilität und das Assoziations- und Transfervermögen der Therapeutin bei gleichzeitiger Bewusstheit der Kernthemen des Patienten. Es lässt sich jedoch lernen und üben und erweitert die therapeutischen Möglichkeiten auch und gerade in beiläufigen Situationen immens. Es reduziert das Gefühl des Vorgeführtwerdens bei Patient und Hund und bietet zeitgleich ein Modell des akzeptierenden und achtsamen Umgangs mit den Befindlichkeiten aller Beteiligten.

Faktoren, die gegen einen Einsatz hundgestützter Psychotherapie sprechen

Die Patienten werden im beschriebenen Setting methodenintegrativ und leitliniengerecht behandelt. Der Einsatz eines Therapiebegleithundes erfolgt nur, wenn er gegenüber anderen Möglichkeiten einen Vorteil bietet.

In der stationären Rehabilitation Abhängiger ist es angezeigt, sehr genau hinzuschauen und die Entscheidung, den Hund miteinzubeziehen, sorgsam zu treffen. Anhaltende mangelnde Mitwirkung des Patienten auf umfassender Ebene und damit verbundene unzureichende Regelakzeptanz ist keine Indikation zum Einsatz des Hundes.

Einzelne Patienten neigen dazu, die hundgestützte Therapie als Mittel zum Zweck zu instrumentalisieren. Sie demonstrieren, dass sie rausgehen, wenn andere drinnen bleiben müssen oder verschaffen sich vermeintlich Pausen. Sie präsentieren sich angeberisch mit dem Hund oder schüren Neid bei anderen Patienten. Unter diesen Umständen ist hundgestützte Therapie nicht zielführend. Stattdessen müssen die Hintergründe des gezeigten Verhaltens thematisiert werden.

Aufgrund der als Kernthemen benannten Aspekte und den entsprechenden biografischen Erfahrungen der Patienten neigen Einzelne dazu, auf unangenehme Kritik oder ausgesprochene Konsequenzen auf ihr Verhalten mit inszenierten Krisen zu reagieren. Sie stellen dann Androhungen von Beziehungs- und / oder Therapieabbrüchen in den Raum mit dem Zweck, die Konsequenzen ihres Verhaltens zu umgehen. Diese „Erpressungskrisen" sind keine Indikation für die hundgestützte Intervention.

Zusammenfassung

Dieses Buch beschäftigte sich mit der Frage, ob und unter welchen Bedingungen ein adjuvantes hundgestütztes Therapieangebot innerhalb der stationären Behandlung Drogenabhängiger einen Benefit für die Patienten und die Behandlungsqualität bieten kann. Es wurde versucht, im Rahmen des komplexen Behandlungsauftrags zu extrahieren, wann eine Intervention mittels eines Therapiebegleithundes gut investiert ist und warum. Vor diesem Hintergrund wurden spezifische Settings erläutert, zentrale Themen, Störungsbilder und relevante Phasen einer Suchtbehandlung benannt und exemplarisch sinnvolle Interventionsansätze identifiziert.

Mit Rücksicht auf den Hund und auf die Effizienz der Arbeit ist der Einsatz des Hundes im Rahmen der Einzeltherapie dem Einsatz in Gruppen vorzuziehen.

Ob der Einsatz des Hundes durch die Bezugstherapeutin erfolgt oder die Leistung durch eine externe Fachkraft erbracht wird, macht einen Unterschied bei Patientenauswahl, Methodenwahl, zur Verfügung stehenden Orten, Zeitstruktur, Kommunikationsaufwand und Planung. Während der Bezugstherapeutin der Hund quasi immer zur Verfügung steht, muss der Einsatz durch Externe bezüglich Patientenauswahl und Inhalt der Einheit vorausschauender geplant werden. Dafür unterliegt die Bezugstherapeutin den Begrenzungen ihrer Aufgabenvielfalt und der Strukturen innerhalb der Einrichtung, während die externe Fachkraft zeitlich und räumlich unabhängiger arbeiten kann.

Die bestimmenden Kernthemen in der stationären Suchtbehandlung, Stress, Ambivalenz, Widerstand, Delinquenz und Impulsivität, bieten vielfältige Ansätze, den Hund einzubinden. Hier profitiert auch die Behandlerin durch einen oft geringeren Grad an Ressentiments ihr gegenüber, dem einfacheren und beschleunigten Zugang und einem Maß an Leichtigkeit, das sonst schwer zu generieren ist.

Gute Effekte zeigen sich besonders bei der Reduktion von Angst und Spannung und bei depressiven Verstimmungen, unabhängig davon, ob diese Störungsqualität im Sinne des ICD 10 haben oder situativ beziehungsweise begleitend auftreten.

Auch der Einsatz bei akuten Krisen ist lohnend, vor allem, weil er den Zugang zum Patienten erleichtert und beschleunigt, aber auch aufgrund der beruhigenden Wirkung des Hundes.

Gut platziert ist die hundgestützte Therapie auch, wenn es darum geht, Übergangsphasen sichernd zu begleiten. Während der Eingewöhnungsphase steht dabei die soziale Katalysatorwirkung des Hundes im Vordergrund und erleichtert damit Kontaktaufnahme, Entstehung eines Arbeitsbündnisses und Stressreduktion. In der Abschlussphase fungiert der Hund eher im Sinne eines Übergangsobjektes und die mit ihm verbundenen Erfahrungen und Erinnerungen können stabilisierend mitgenommen werden, besonders wenn sie auch physisch in Form von symbolischen Ankern (Fotos, Haare ...) übergeben werden können.

In dieser Arbeit unberücksichtigt blieben mögliche Wirkungen der hundgestützten Therapie beziehungsweise des Vorhandenseins des Therapiebegleithundes bei informellen und beiläufigen Begegnungen mit nahezu allen Patienten und auf das Gesamtklima innerhalb der Einrichtung. Es ist anzunehmen, dass dessen wenig formelle und vitale Präsenz auch hier positive Effekte generiert. Auch die Bedeutung des Therapiebegleithundes für die Fachkraft selbst, sei es in Form eines (noch) Mehr an Anforderung und Verantwortung oder in Form von emotionaler Unterstützung oder körperlichen Ausgleichs bleibt offen.

Insgesamt sind mit der hundgestützten Therapie in den eher engen (Spiel-)Räumen und Strukturen der Einrichtung ein deutliches Verlassen des formalen Raums, mehr subjektive Freiheitsgrade, mehr Vergnügen und ein Plus an Bewegung verbunden. All das macht die schwierige Behandlung in wichtigen Momenten aushaltbarer. Dass eine Intervention mittels Therapiebegleithund über viele Kanäle, also visuell, akustisch, olfaktorisch, taktil, motorisch und emotional erfahren werden kann, kann sie im Effekt gesprächslastigen Interventionsformen überlegen machen.

In der stationären Drogentherapie nicht hoch genug einzuschätzen ist eine eventuelle Wirkung auf die Haltequote, bedenkt man die Einsatzmöglichkeiten gerade zu Beginn der Behandlung und in akuten Krisen. Hier zeigen die angeführten Studien erste Hinweise sowohl bezüglich der Drop-Out-Raten während der Studien als auch vereinzelt bezüglich der Verweildauer, dass tiergestützte Therapie zu einem erfolgreichen und regulären Behandlungsabschluss beitragen kann. Auch die mehrfach benannte Wirkung bezüglich des Überwindens von Craving hat hier wichtigen Anteil, denn Craving begleitet nahezu alle kritischen Phasen und in der Regel auch den spontanen Therapieabbruch.

Ein in den maßgeblichen Arbeiten fast immer benannter, jedoch nur nebenbei angemerkter Aspekt ist die ablenkende Wirkung. Unabhängig davon, ob der Patient sich in akuter Krise befindet, Suchtdruck hat, sich aufregt, Angst hat oder in Problemtrance versunken ist, ist Ablenkung hilfreich. Der Hund verschafft über Beruhigung, Aktion, Komik oder Kuscheln diese Ablenkung buchstäblich spielend. Er kreiert damit die dringend benötigte Pause vom Drama. Und die ist selten in der stationären Suchttherapie.

Über die Autorin

Barbara Wahlig war ein klassisches Pferdemädchen. Schon als Teenager in den frühen 80ern half sie bei der Entwicklung der Hippotherapie in ihrem Heimatstall in Südhessen. Nach einer ersten Berufsausbildung als staatlich anerkannte Erzieherin ließ sie die Idee, die wohltuende Wirkung von Tieren auf Menschen in ihre Arbeit einzubinden, nicht mehr los. Neben ihrer Leitungstätigkeit als Erzieherin arbeitete sie eine Zeitlang als freie Journalistin. Nach der Geburt ihrer Tochter entschied sie sich für das Studium zur Sozialarbeiterin. Seither arbeitete sie mit vielen Zielgruppen und Settings mit anspruchsvollem menschlichen Klientel. Dabei qualifizierte sie sich stets weiter, unter anderem zur Suchttherapeutin. Seit 2005 in der stationären Drogentherapie, setzte sie 2008 erstmals ihren Hund Basso, einen großen Mischling, in der Therapie ein. Seit 2015 arbeitet Barbara Wahlig mit chronifiziert psychisch kranken Menschen und parallel als betriebliche Sozialberaterin freiberuflich in großen Unternehmen. Hierbei wird sie inzwischen von ihrem Therapiebegleithund Andor unterstützt. Seit langem engagiert sie sich für den Freiburger Verein Hunde begleiten Leben, Tiergestützte Interventionen Freiburg e.V. und bildet dort, als Fachkraft für tiergestützte Interventionen mit ihren Kolleginnen zertifizierte Therapiebegleithunde-Teams aus. Auch kynologisch hat sie sich stets weiterqualifiziert und berät als Hundeverhaltensberaterin vorwiegend Fachkräfte aus dem sozialen Bereich mit ihren Hunden.

Barbara Wahlig sagt von sich, ihr Gehirn funktioniere wie eine Popcorn-Maschine. Es spucke unaufhörlich neue Interessen und Projektideen aus. Eine davon liegt nun in Buchform vor.

Literaturverzeichnis

aerzteblatt.de. (2015). *Cortisol vermindert Verlangen bei Heroinsüchtigen.* Abgerufen am 18.12.2021 von https://www.aerzteblatt.de/nachrichten/63640/Studie-Cortisol-vermindert-Verlangen-bei-Heroinsuechtigen

aerzteblatt.de. (2018). *Tagessätze für medizinische Rehabilitation nicht kostendeckend.* Abgerufen am 18.09.2021 von https://www.aerzteblatt.de/nachrichten/95390/Tagessaetze-fuer-medizinische-Rehabilitation-nicht-kostendeckend

Ainsworth, M. (1985). Patterns of attachment. *clinical psychologist*, S. 27 – 29.

Bauer, J. (2006). *Warum ich fühle, was du fühlst.* Hamburg: Hoffmann und Campe.

Beetz, A., Riedel, M., & Wohlfarth, R. (2021). *Tiergestützte Interventionen.* München: Ernst Reinhardt.

Berget, B., Braastad, B., & Ekeberg, O. (2011). Animal-Assistes Therapy with Farm Animals für Persons with Psychiatric Disorders: Effects on Anxiety an depression, a Randomizend Controlled Trial. *Occupational Therapy in Mental Health*, S. 50 – 64.

Borges, P. (2012). *Was kostet die Rehabilitationsleistung? Kostenberechnung auf Basis der strukturellen Anforderungen.* Abgerufen am 18. 09. 2021 von https://suchthilfe.de/informationen/aktiva_kostenkalkulation_120327.pdf

Bowlby, J. (1969). *Attachment and Loss.* New York: Basic Books.

Bültmann, S. (2017). Tiergestützte Therapien und Psychotraumafolgestörungen. *Trauma-Zeitschrift für Psychotraumatologie und ihre Anwendungen*, 15(4), S. 4 – 11.

BUSS. (2016). *Informationen des Bundesverbands für stationäre Suchtkrankenhilfe.* Abgerufen am 18. 09. 2021 von https://suchthilfe.de/informationen/aktuelles.php

Contalbrigo, L., De Santis, M., Toson, M., & Monta, M. (2017). The Efficasy of Dog Assisted Therapy in Detaines Drug Users: A Pilot Study in an Italian Attenuated Custody Institute. *International Journal of Environmental Research and Public Health*, 14(7), S. 683 – 699.

Deutsche Rentenversicherung Bund. (2019). *Reha-Bericht 2019.* Berlin. Abgerufen am 9.12.2021 von https://www.deutsche-rentenversicherung.de/SharedDocs/Downloads/DE/Statistiken-und-Berichte/Berichte/rehabericht_2019.html

Deutsche-hauptstelle-gegen-die-suchtgefahren. (1985). *Süchtiges Verhalten. Grenzen und Grauzonen im Alltag.* Hoheneck.

Dilling, H., & Freyberger, H. (2013). *Taschenführer zur ICD-10-Klassifikation psychischer Störungen 6. überarbeitete Aufl.* Bern: Verlag Hans Huber.

Esch, T. (2012). *Die Neurobiologie des Glücks: Wie die Positive Psychologie die Medizin verändert.* Stuttgart: Thieme.

Euler, S., Sollberger, D., Bader, K., Lang, U., & Walter, M. (2015). Persönlichkeitssörungen und Sucht: Systematische Literaturübersicht zu Epidemiologie, Verlauf und Behandlung. *Fortschritte der Neurologie, Psychiatrie*, 83(10), S. 544 – 554.

Fachverband Sucht e.V. (2017). *Basisdokumentation 2017. Ausgewählte Daten zur Entwöhnungsbehandlung im Fachverband Sucht e.V.* Abgerufen am 04.10.2021 von https://www.sucht.de/files/pdf/veroeffentlichungen/Basisdokumentation/28606%20FVS%20Basisdokumentation%202016.pdf

Fachverband Sucht e.V. (2020). *Basisdokumentation 2020. Ausgewählte Daten zur Entwöhnungsbehandlung im Fachverband Sucht e.V.* Abgerufen am 19.12.2021 von https://www.sucht.de/files/pdf/veroeffentlichungen/Basisdokumentation/FVS%20Basisdokumentation%202019.pdf

Ganser, G. (2017). *Hundegestützte Psychotherapie: Einbindung eines Hundes in die psychotherapeutische Praxis.* Stuttgart: Schattauer.

Ganser, G. (2021). *Hundegestützte Psychoherapie. Verhaltenstherapie & Psychosoziale Praxis,* 53(1), S. 43 – 56.

Hediger, K. (2012). *Hunde und die Stressreaktion unsicher und desorganisiert gebundener Kinder.* Göttingen: Cuvillier Verlag.

Hoffmann, C., Herr , C., & Eikmann, T. (2010). Hygienische Anforderungen bei tiergestützter Arbeit in Krankenhäusern, Kliniken und Heimen. *Umweltmedizin in Forschung und Praxis,* 15(39), S. 149 – 157.

Julius, H., Beetz, A., Kotrschal, K., Turner, D., & Uvnäs-Moberg, K. (2014). *Bindung zu Tieren. Psychologische und neurobiologische Grundlagen tiergestützter Interventionen.* Göttingen: Hogrefe.

Kotrschal, K. (2017). *Hund & Mensch. Das Geheimnis unserer Seelenverwandtschaft.* Wien: Brandstaetter.

Kriminologische Zentralstelle. (1999). *Expertise über Zusammenhänge zwischen Devianzbereitschaft, kriminellem Verhalten und Drogenmissbrauch.* Abgerufen am 19.09.2021 von https://www.krimz.de/index.php?id=53

Lass-Hennemann, J., Holz, E., & Michael, T. (2015). Tiergestützte Therapie in der Behandlung von Angststörungen. *Psychotherapie im Dialog,* 16(2), S. 40 – 43.

Lüdeke, M. (2017). *Jahresbericht Therapiezentrum Brückle 2016.* Buggingen.

Lüdeke, M. (2018). *Jahresbericht Therapiezentrum Brückle 2017.* Buggingen.

Lüdeke, M. (2019). *Jahresbericht Therapiezentrum Brückle 2018.* Buggingen.

Lüdeke, M. (2020). *Jahresbericht Therapiezentrum Brückle 2019.* Buggingen.

Maoz, I., Zubedat, S., Dolev, T., Aga-Mizrachi, S., Bloch, B., Michaeli, Y., ... Avital, A. (2021). Dog training alleviates PTSD symptomatology by emotional and attentional. *European Journal of Psychotraumatology,* 12(1), S. 1995264.

Mutschler, B., & Wohlfarth, R. (2014). *Du bist mir wichtig. Bindung in der Mensch-Hund-Beziehung.* Franck-Kosmos.

Nitzgen, D. (2003). Die Großgruppe als Element stationärer Suchttherapie. *Gruppenanalyse,* 13(2), S. 151 – 162.

Olbrich, E., & Otterstedt, C. (2003). *Menschen brauchen Tiere. Grundlagen und Praxis der tiergestützten Pädagogik und Therapie.* Stuttgart: Kosmos.

Otterstedt, C. (2001). *Tiere als therapeutische Begleiter: Gesundheit und Lebensfreude durch Tiere – eine praktische Anleitung.* Stuttgart: Kosmos.

Penkowa, M. (2014). *Hund auf Rezept: Warum Hunde gesund für uns sind.* Nerdlen/Daun: Kynos.

Potthast, N., & Catani, C. (2012). Trauma und Sucht: Implikationen für die Psychotherapie. *Sucht, Interdiciplinary Journal of Addiction Research,* 58(4), S. 227 – 235.

Prothmann, A. (2014). *Tiergestützte Kinderpsychotherapie: Theorie und Praxis der tiergestützten Psychotherapie bei Kindern und Jugendlichen.* Frankfurt: Peter Lang Internationaler Verlag der Wissenschaften.

Reddemann. (2003). Psychotherapie von Suchterkrankungen als Traumafolgestörungen. *Psychotherapie im Dialog,* 2(6), S. 136 – 139.

Reichl, D., Bonn, E., Enewoldsen, N., Schwenzner, S., & Steins-Loeber, S. (2021). Impulsivität und assoziierte Konstrukte bei drogenabhängigen Paitenten. *Sucht,* 67(3), S. 151 – 159.

Rieping, M., & Zielke-Nadkarni, A. (2016). Tiergestützte Therapie als Komplementärtherapie zur DBT. *PPH,* 22(3), S. 140 – 146.

Scheidig, L., Cramer, T., Nestmann, F., & Wesenberg, S. (2021). Effekte einer tiergestützten Intervention auf das subjektive Befinden sowie Kommunikations- und Interaktionsverhalten von inhaftierten Männern. *Verhaltenstherapie & psychosoziale Praxis,* 53(1), S. 99 – 118.

Seitz, V., Niedermeier, G., & Seemüller, F. (2017). Tiergestützte Konzepte in der Psychotherapie von Erwachsenen. *Der Neurologe & Psychiater,* 18(3), S. 22 – 24.

Tretter, F., & Müller, A. (2001). *Psychologische Therapie der Sucht.* Göttingen: Hogrefe.

Uhlmann, C., Nauss, C., Worbs, A., & Schmid, P. (2019). Effekte einer tiergestützen Intervention in der stationären psychiatrischen Suchtbehandlung - eine Pilotstudie. *Fortschritte der Neurologie - Psychiatrie,* 87(5), S. 305 – 311.

Urban, S., & Kremer, G. (2021). Sucht. In A. Beetz, M. Riedel, & R. Wohlfarth , *Tiergestützte Interventionen* (S. 341 – 348). München: Ernst Reinhardt Verlag.

Urban, S., Dehn, L. B., Zillmer, B., Driessen, M., & Beblo, T. (2015). Effekte eines Therapiebegleithundes auf Patienten im stationären Drogenentzug. *Sucht,* 61(3), S. 139 – 146.

Vernooij, M. A., & Schneider, S. (2013). *Handbuch der Tiergestützten Intervention: Grundlagen–Konzepte–Praxisfelder.* Wiebelsheim: Quelle & Meyer.

Walter, D. (2018). Hundegestützte Psychotherapie von Traumafolgestörungen. *Tiergestütze Therapie, Pädagogik & Fördermaßnahmen*(2), S. 18 – 30.

Wesley, M. (2007). *Animal Assisted Therapy and the Therapeutic Alliance in the Treatment of Substance Dependence.* Selbstverlag.

Wilson, E. O. (1986). *Biophilia.* Cambridge: Harvard University Press.

Wohlfahrt, R., & Herbst, C. C. (2016). Subjektive Konzepte von Suchtpatienten über die Wirkung von Hunden während der Suchtrehabilitation. *Tiergestützte Therapie, Pädagogik und Fördermaßnahmen*(4), S. 28 – 33.

Wohlfahrth, O. (2014). *Qualitätsentwicklung und Qualitätssicherung in der Praxis tiergestützter Interventionen. Ein Leitfaden.* Abgerufen am 10.12.2021 von https://www.esaat.org/shared-files/976/?Broschuere_zur_Qualita%CC%88tssicherung_und_Qualita%CC%88tsentwicklung.pdf

Wohlfarth, M. (2020). *Die Heilkraft der Tiere.* München: btb.

Wohlfarth, R. (2021). Zur Diskussion. Eine neue Definition „Tiergestützte". *Tiergestütze Therapie, Pädagogik & Fördermaßnahmen*(1), S. 42 – 44.

Yablonsky, L. (1990). *Die Therapeutische Gemeinschaft: Der erfolgreiche Weg aus der Drogenabhängigkeit.* Weinheim: Beltz.

Yalom, I. D. (2005). *Im Hier und Jetzt. Richtlinien der Gruppenpsychotherapie.* München: btb.